Abhinav T.

Mecânica dos materiais usando o Ansys Workench Com validação numérica

Abhinav T.

Mecânica dos materiais usando o Ansys Workench Com validação numérica

Capacitar os estudantes de engenharia

Mecânica dos materiais usando o Ansys Workench

Com validação numérica

Conteúdo

Prefácio

No domínio da engenharia e mecânica de estruturas, é vital compreender o comportamento de vários componentes sob diferentes condições de carga. Os engenheiros e projectistas deparam-se frequentemente com inúmeros desafios quando analisam e projectam estruturas para garantir a segurança, a eficiência e a durabilidade. A capacidade de prever com precisão a resposta dos elementos estruturais às cargas aplicadas é crucial para a realização bem sucedida de projectos de engenharia.

Este livro **"Mechanics of Material Using Ansys Workench with Numerical Validation"** tem como objetivo explorar os princípios básicos da análise estrutural, centrando-se numa série de problemas normalmente encontrados na disciplina de Mecânica dos Materiais. Cada problema destacado apresenta um conjunto único de desafios, necessitando de uma compreensão abrangente dos princípios subjacentes e da aplicação de ferramentas computacionais avançadas.

São onze problemas fundamentais de Mecânica dos Materiais; cada um deles é explorado utilizando o ANSYS Workbench, uma poderosa ferramenta de software de análise de elementos finitos. Através de análises e simulações pormenorizadas, os leitores obterão conhecimentos sobre o comportamento de vários problemas estruturais e desenvolverão proficiência na utilização do ANSYS Workbench para aplicações de engenharia do mundo real.

Além disso, para cada problema destacado tratado com o ANSYS Workbench, existe uma validação analítica. Esta validação analítica serve de referência para a precisão e fiabilidade dos resultados computacionais obtidos através da análise de elementos finitos. Ao comparar os resultados computacionais com as soluções analíticas, os leitores podem compreender melhor as distinções da análise estrutural e validar a eficácia das técnicas numéricas utilizadas.

Desde a análise de barras prismáticas sob cargas axiais até à análise de sistemas complexos de treliças e distribuições de tensões de corte em placas rebitadas, este livro oferece uma viagem abrangente através de diversos cenários estruturais. Cada capítulo é meticulosamente elaborado para fornecer uma mistura de fundamentos teóricos, conhecimentos práticos e metodologias computacionais, atendendo a aprendizes iniciantes e estudantes de graduação.

Espero que este livro sirva como um recurso valioso para estudantes de licenciatura, investigadores e engenheiros em exercício, promovendo uma compreensão mais profunda dos problemas básicos da mecânica estrutural e capacitando os leitores para enfrentarem desafios de engenharia do mundo real com confiança e proficiência.

Boa leitura e que a sua viagem pelo fascinante mundo da análise estrutural seja esclarecedora e gratificante.

Biografia do autor

O Dr. Abhinav é um distinto professor e tecnocrata com uma vasta experiência tanto no meio académico como na indústria. Tem um doutoramento em Ciências de Engenharia Mecânica pela famosa Universidade Tecnológica de Visvesvaraya, Belagavi, Karnataka, Índia. Atualmente, está associado à Dayananda Sagar Academy of Technology and Management, em Bangalore. Com uma paixão pela resolução de problemas complexos de engenharia, o Prof. Abhinav é autor de numerosas publicações em prestigiadas revistas, livros e conferências internacionais, contribuindo significativamente para o corpo de conhecimentos em engenharia estrutural e mecânica computacional, entre outros. Os seus interesses de investigação abrangem uma vasta gama de tópicos, incluindo análise de elementos finitos, análise estrutural e materiais avançados. Leccionou cursos a nível de licenciatura e pós-graduação, inspirando os alunos com o seu entusiasmo pela mecânica estrutural e promovendo uma compreensão profunda dos princípios de engenharia.

Para além dos seus feitos, o Dr. Abhinav é conhecido pela sua paixão pela aprendizagem contínua e pelo seu compromisso inabalável com a excelência em todos os empreendimentos. Ao escrever este livro, **'Mechanics of Materials Using Ansys Workbench with Numerical Validation'**, ele baseia-se na sua riqueza de conhecimentos e experiência para fornecer aos leitores informações valiosas sobre o mundo da análise estrutural. Através de uma pesquisa meticulosa, exemplos práticos e explicações perspicazes, o seu objetivo é capacitar engenheiros e estudantes com as ferramentas e conhecimentos necessários para enfrentar os desafios da engenharia do mundo real com confiança e proficiência.

Agradecimentos

Escrever um livro é uma viagem que nunca se faz sozinho. É com profunda gratidão e apreço que reconheço as contribuições e o apoio de todos aqueles que tornaram possível este projeto.

Em primeiro lugar e acima de tudo, agradeço sinceramente à minha família pelo seu amor inabalável, encorajamento e compreensão ao longo desta jornada. A vossa paciência, apoio e crença em mim têm sido a minha maior fonte de força.

Estou em dívida para com os meus colegas e mentores, cuja orientação, conhecimentos e experiência enriqueceram a minha compreensão da engenharia estrutural. O vosso encorajamento e feedback construtivo foram inestimáveis para a elaboração deste livro.

Os meus sinceros agradecimentos aos revisores e editores que forneceram valiosos comentários e sugestões, ajudando a melhorar a qualidade e a clareza do conteúdo.

Estou profundamente grato à equipa da editora pelo seu profissionalismo, apoio e entusiasmo. A vossa dedicação e empenho na excelência foram fundamentais para a concretização deste livro.

Um agradecimento especial aos criadores do ANSYS Workbench e de outras ferramentas computacionais, cujo software inovador revolucionou o campo da análise estrutural e tornou este livro possível.

Por último, mas não menos importante, expresso a minha gratidão aos leitores deste livro. Espero sinceramente que o conhecimento e as ideias partilhadas nestas páginas o inspirem e o capacitem na sua própria viagem pelo fascinante mundo da engenharia estrutural.

Obrigado a todos pelos vossos inestimáveis contributos e apoio.

Dr. Abhinav

Dedicado aos meus pais

Exercício 1

Barra prismática sob carga axial

Uma barra prismática com uma secção transversal quadrada de 10×10 mm e um comprimento total de 100 mm é sujeita a uma carga de tração de 10 N. Determine a tensão normal, a deformação normal e o alongamento total na barra. O módulo de elasticidade (E_s) de um aço é 2×10^5 MPa e $\upsilon=0,3$.

Software de lançamento

Abra o ANSYS Workbench e arraste o módulo Static Structural para a janela Project Schematic. Em seguida, clique duas vezes sobre ele e renomeie o projeto como indicado abaixo.

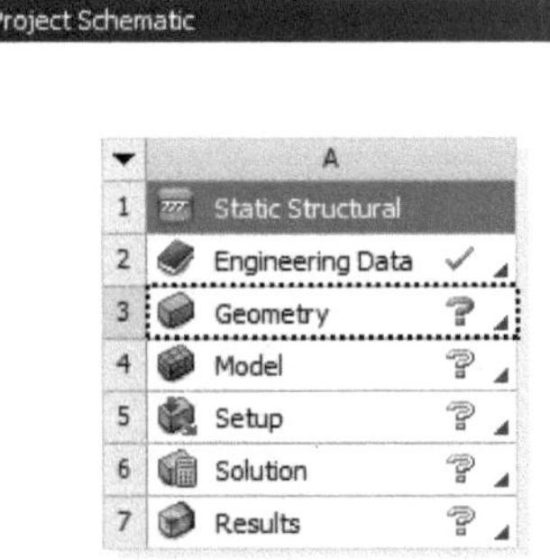

Prismatic Bar Subjected to Tensile Load

Navegue até à secção de dados de engenharia e atribua Structural Steel (SS). Em seguida, feche a janela Dados de engenharia.

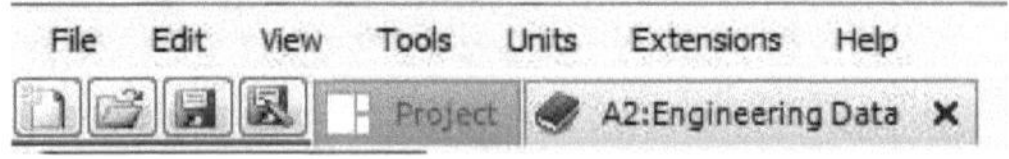

Seleccione a Geometria e certifique-se de que o tipo de análise está definido para 3D. Pode verificar isto no lado direito do ecrã da janela, como demonstrado abaixo.

20	⊟ Advanced Geometry Options	
21	Analysis Type	3D ▼
22	Use Associativity	☑

Faça duplo clique na geometria para abrir o Design Modeler. Aparecerá uma nova janela. Escolha as unidades em milímetros (mm). Depois, seleccione o plano XY e defina-o como normal para iniciar a construção geométrica, como ilustrado abaixo. Para ativar as dimensões, verifique as opções em display dentro das Toolboxes de esboço.

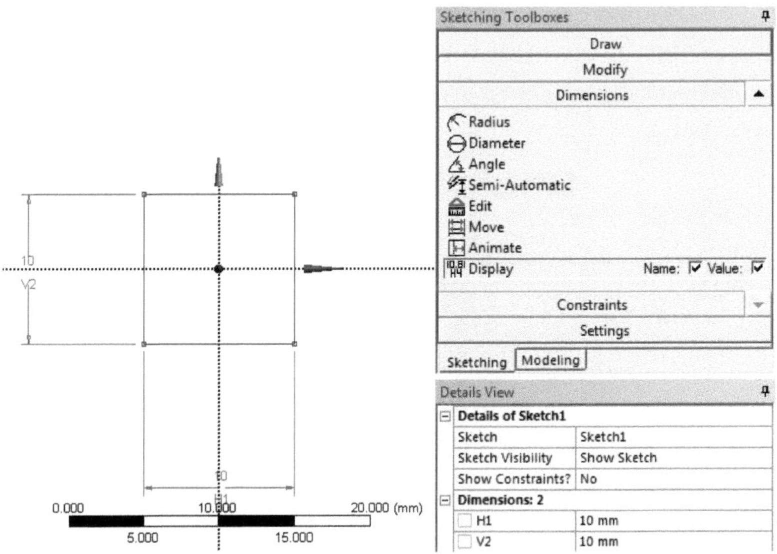

Faça a extrusão da Geometria para 100 mm, como se mostra abaixo, depois clique com o botão direito do rato no contorno da Árvore e seleccione "Gerar". Verá algo semelhante à ilustração abaixo.

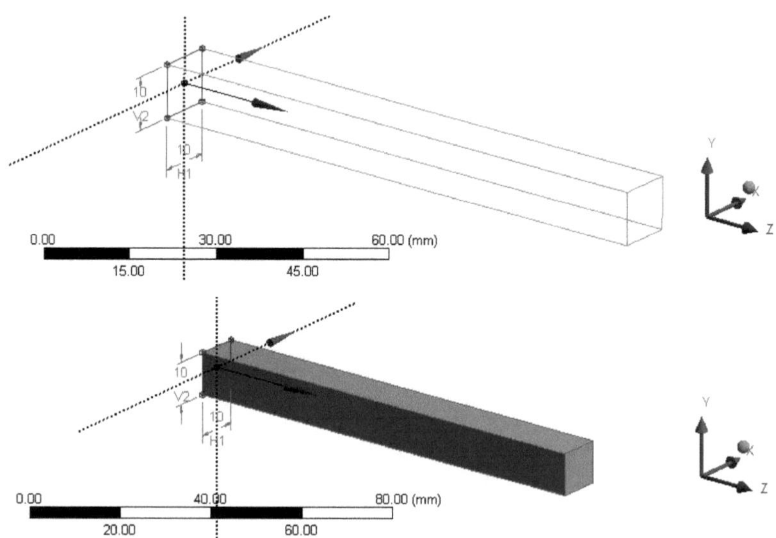

Feche o Design Modeler e volte ao Project Schematic. Faça duplo clique no modelo, conforme ilustrado abaixo, e aguarde alguns segundos. Verá que é aberta uma nova Janela Mecânica.

Prismatic Bar Subjected to Tensile Load

Na janela Mecânica, clique com o botão direito do rato em Malha e seleccione "Gerar malha". Verá que a malha é bastante grosseira. Para obter maior precisão, precisamos de refinar a malha.

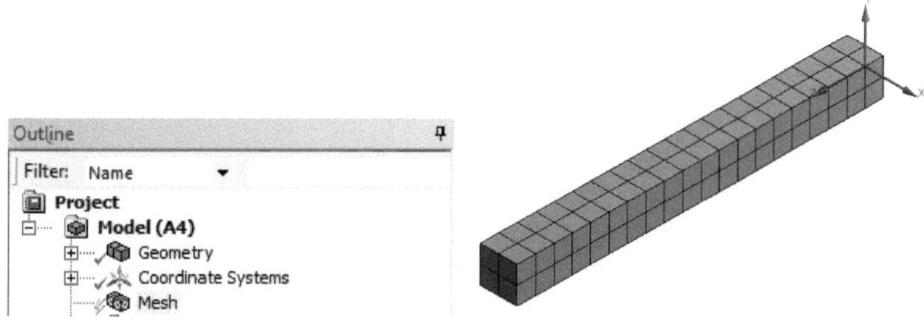

Em Details of Mesh (Detalhes da malha), altere o Relevance Center (Centro de relevância) para 'Fine' (Fino), conforme demonstrado abaixo. Em seguida, navegue até à janela de contorno e clique com o botão direito do rato na malha, seleccionando 'Generate Mesh' (Gerar malha). Quando o processo de criação de malha estiver concluído, a marca amarela de trovão passará para uma marca verde, indicando a conclusão. O modelo final com malha será semelhante à imagem abaixo. Para modelos complexos, recomenda-se um refinamento adicional da malha. No entanto, para o problema em causa, este nível de malha será suficiente para os requisitos de convergência.

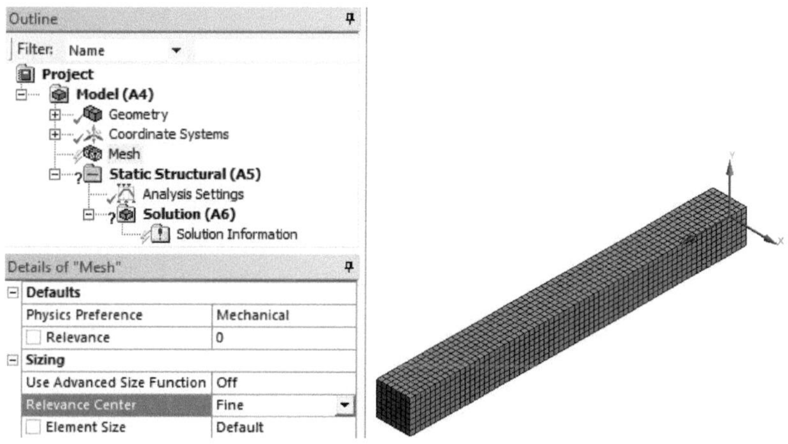

O número de nós e elementos utilizados no modelo dado pode ser quantificado expandindo as estatísticas na janela 'Detalhes da malha', como demonstrado abaixo.

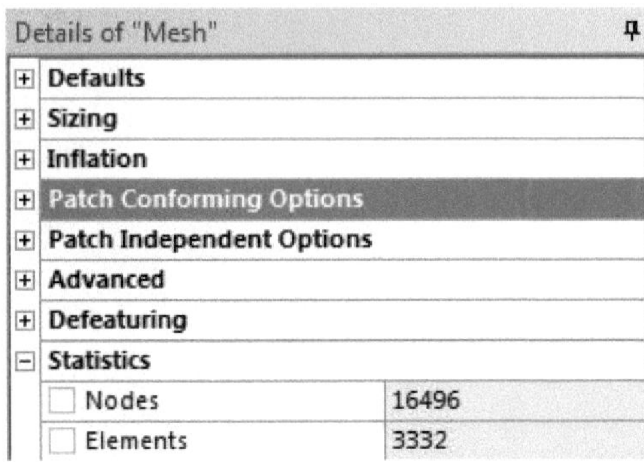

Clique com o botão direito do rato em "Estrutura estática" na árvore de contornos e seleccione a opção "Inserir" > "Apoio fixo". De seguida, escolha a face final da barra e clique em 'Aplicar', como ilustrado na figura abaixo. Uma vez aplicado, a cor verde mudará para roxo.

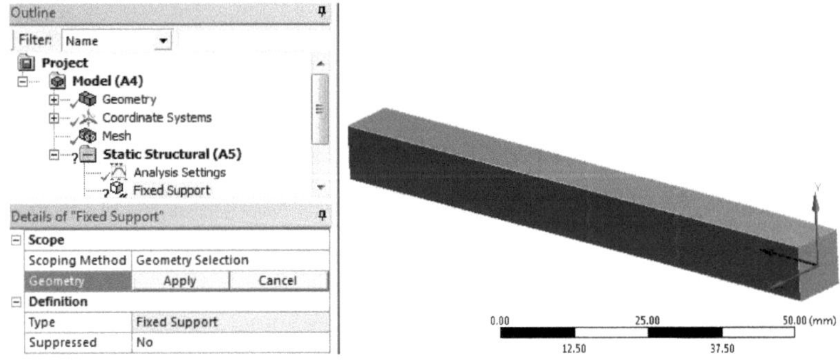

Da mesma forma, repita o passo anterior e seleccione a face oposta da extremidade. Aplique uma força de 10 N, conforme ilustrado na figura abaixo. Clique com o botão direito do rato em "Solução" e seleccione Resolver.

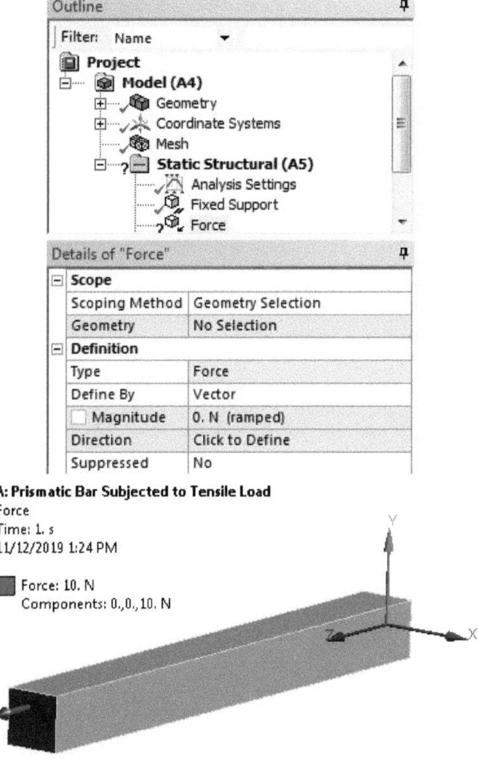

Após a solução estar concluída, a janela de contorno aparecerá semelhante à ilustração abaixo. Agora, clique com o botão direito do rato em 'Solution', insira a tensão e seleccione 'Von-Mises Stress/Equivalent Stress'. A tensão equivalente é de 0,1 MPa.

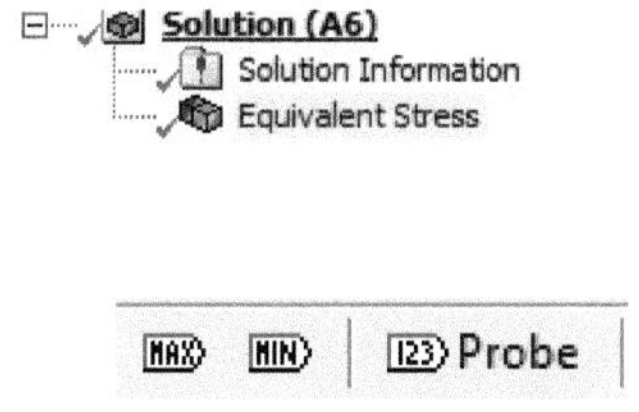

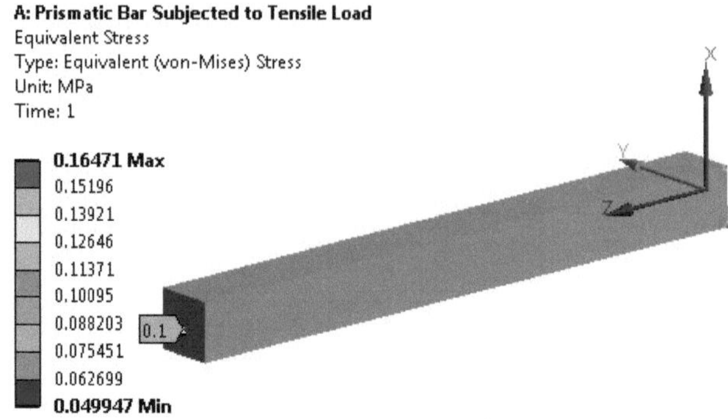

Seleccione a ferramenta de sonda e escolha a superfície ou a face para determinar o valor exato da tensão na secção transversal da barra. Da mesma forma, é possível determinar a tensão e a deformação seguindo os passos acima mencionados. Neste caso, a tensão obtida é de 5×10^{-7} e é apresentada em seguida.

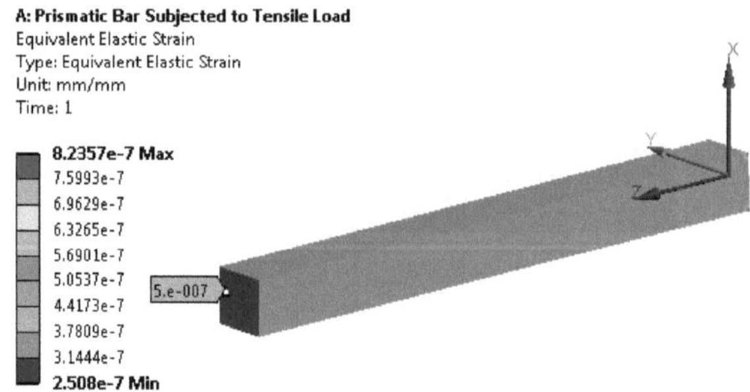

Pode selecionar qualquer face do modelo, exceto a extremidade fixa; observará o mesmo valor (utilizando a ferramenta de sonda).

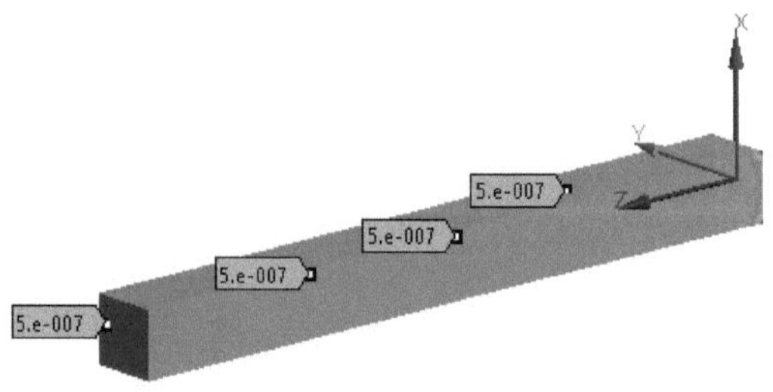

O alongamento total da barra é de $4,9856 \times 10^{-5}$ mm.

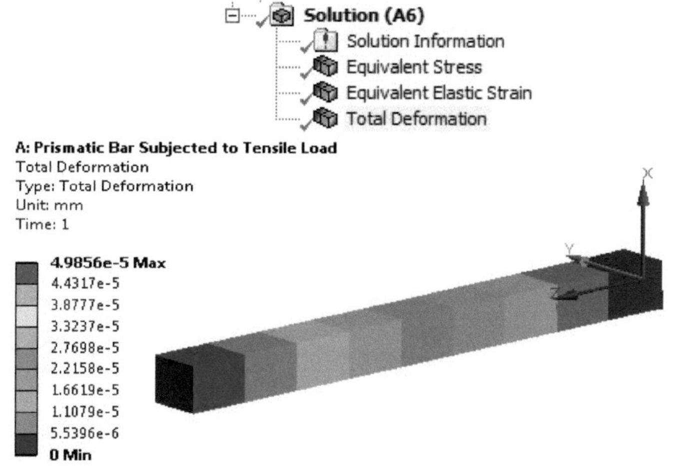

Traçado de gráficos entre duas variáveis. Seleccione 'Modelo' na árvore de contornos e avance para a geometria de construção. Agora, seleccione a opção 'Caminho', como se mostra abaixo.

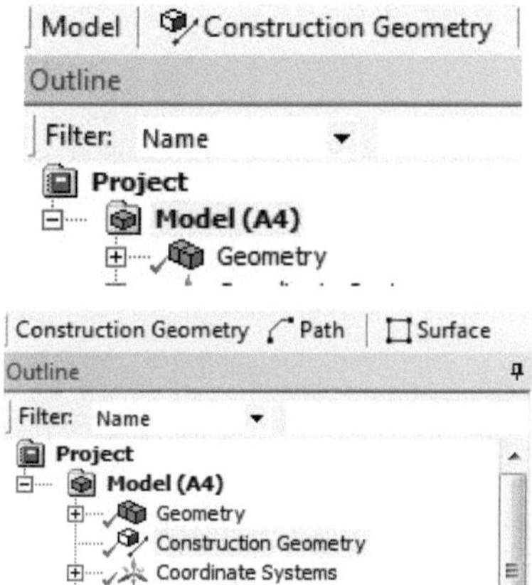

Nos detalhes do caminho, pode ver as localizações de início e fim. Seleccione a localização inicial como a extremidade fixa (aplicar) e a localização final como a extremidade livre (aplicar), como mostra a figura abaixo (altere a opção para seleção de vértice). Finalmente, depois de selecionar os dois pontos, os detalhes da trajetória atribuem automaticamente as coordenadas, também mostradas na figura abaixo.

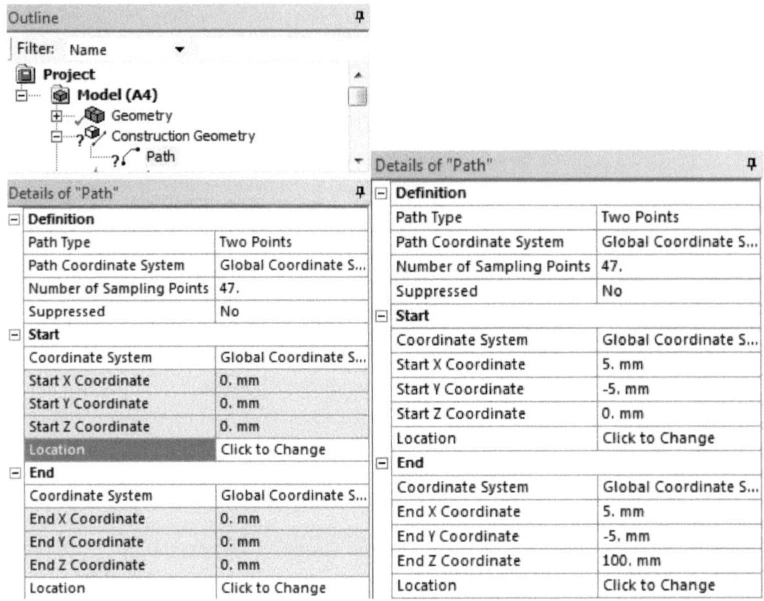

Vá para Solution na árvore de contornos, clique com o botão direito do rato na solução, insira, seleccione stress e escolha Equivalent stress. Em seguida, altere o método Scoping e Path para Path, como mostrado abaixo.

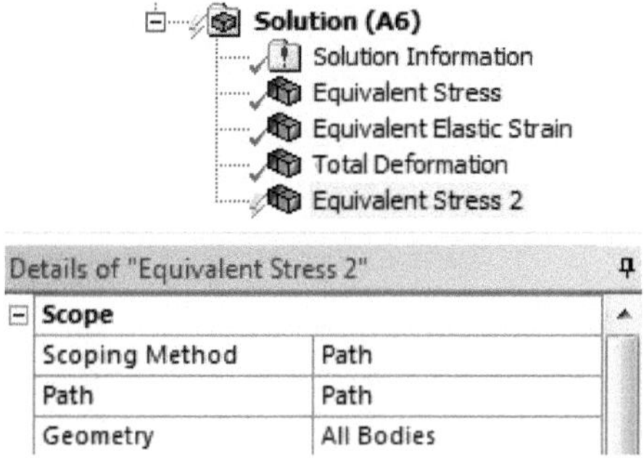

Seleccione o stress e, em seguida, clique no ícone Novo gráfico e tabela, disponível na parte superior. Atribua os detalhes, tal como indicado abaixo, nos Detalhes do gráfico. Por fim, o gráfico terá um aspeto semelhante ao mostrado abaixo.

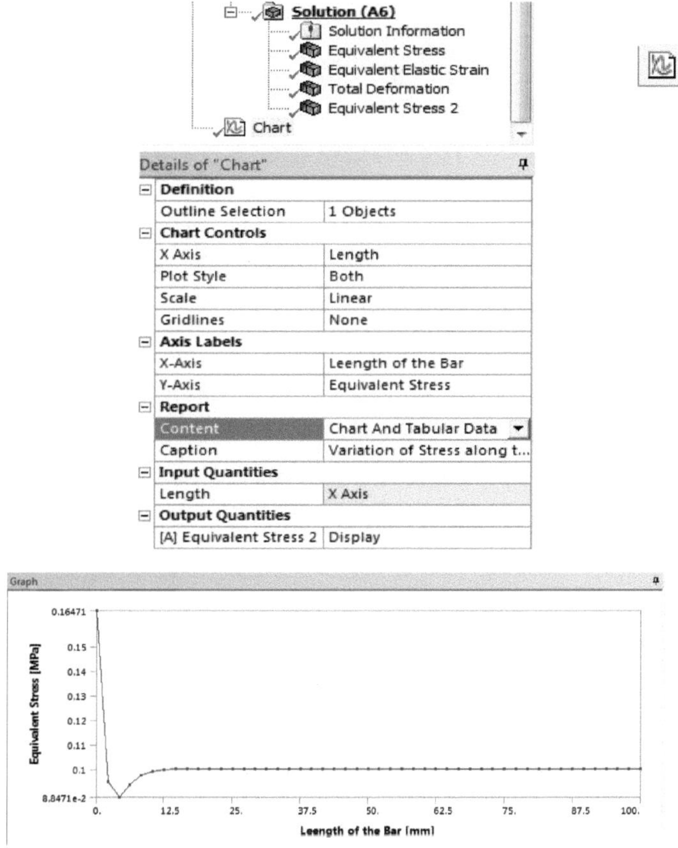

(1) Cálculo da tensão na barra

A tensão é dada por $\sigma = F/A$ em que σ é a tensão, N/mm^2 ou MPa

$$= 10\ N/100\ mm^2 \quad F \text{ é uma carga, } N$$

$$= 0{,}1\ Mpa \quad A \text{ é a área da secção transversal, } mm^2$$

(2) Cálculo da deformação na barra ε é a deformação, mm/mm

A deformação é dada por $\varepsilon = \sigma/E_s$ Da Lei de Hook sabemos que $\sigma = E\ \varepsilon$

$$= 0.1/2\times10^5$$

$$= 5\times10^{-7}$$

(3) Cálculo do alongamento total na barra

O alongamento total é dado por $\Delta L = \varepsilon \times L$

$$= 5\times10^{-7} \times 100\ mm$$

$$= 5\times10^{-5}\ mm.$$

Tipo de resultado	Resultados obtidos com a abordagem FEA	Resultados obtidos com a abordagem analítica	Erro percentual
Tensão, Mpa	0.1	0.1	Zero
Estirpe	5×10^{-7}	5×10^{-7}	Zero
Alongamento, mm	4.985×10^{-5}	5×10^{-5}	0.4%

Exercício 2

Barra prismática com peso próprio

Uma barra prismática de lados 5 m×5 m e comprimento 100 m é suspensa livremente e uma extremidade é fixada ao teto. Determinar o alongamento total da barra sob o peso próprio. O peso aproximado da barra para a dimensão dada é $1,962 \times 10^7$ Kg. O módulo de elasticidade (E_s) de um aço é 2×10^5 MPa.

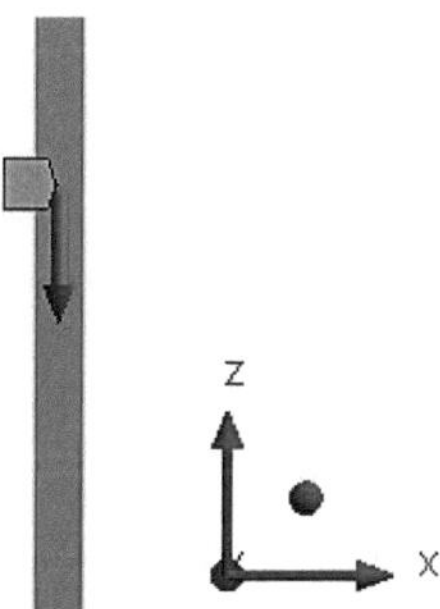

Software de lançamento

Abra o Ansys Workbench e arraste o módulo Static Structural para a janela Project Schematic. Clique duas vezes e renomeie o projeto como mostrado abaixo.

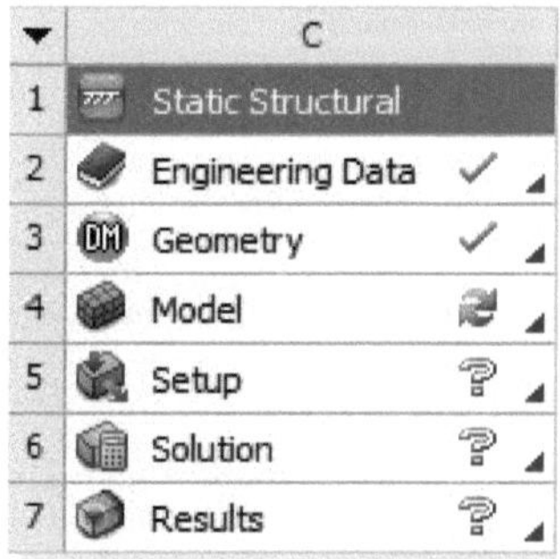

Bar under Self-weight

Seleccione o plano XY e desenhe um esboço quadrado com lados medindo 5 m × 5 m. Depois, extrude o perfil para 100 m como demonstrado abaixo.

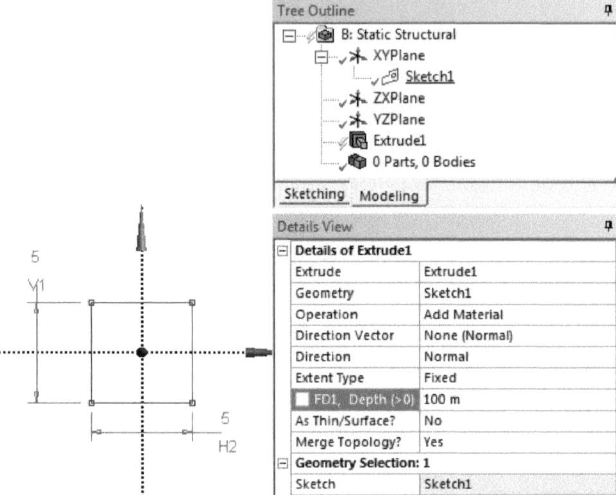

Assemelhar-se-á à figura representada abaixo.

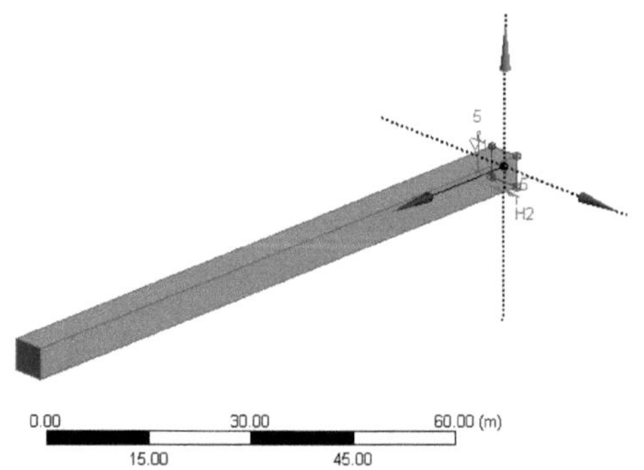

Regresse à janela Esquema do projeto e, em Estática estrutural, faça duplo clique no modelo. Aguarde um momento e abrir-se-á uma nova janela Mecânica.

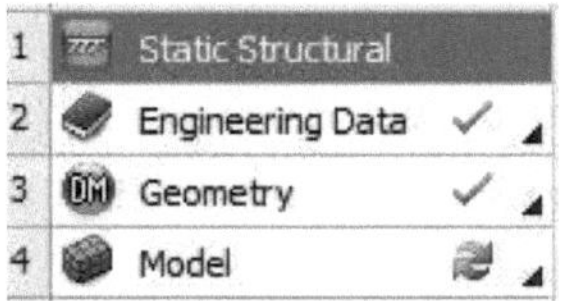

Navegue até ao contorno e seleccione 'Mesh' (Malha). Altere o centro de relevância para 'Fine', como ilustrado na figura abaixo. Clique com o botão direito do rato na malha e gere-a. A malha será semelhante à mostrada abaixo.

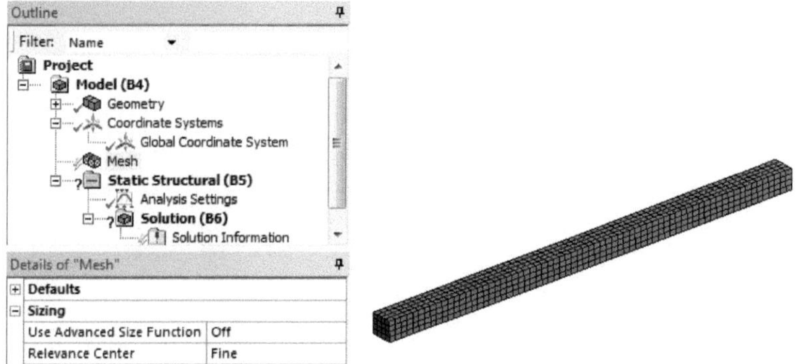

Utilize a ferramenta de seleção de faces para selecionar uma extremidade da face da barra, como se mostra abaixo, e depois aplique a seleção.

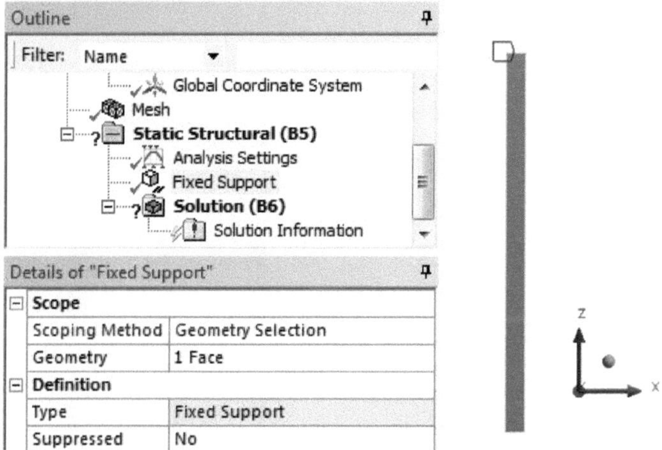

Seleccione 'Static Structural' no esquema, vá para 'Inertia' e escolha a opção 'Standard Earth Gravity (SEG)'. Em seguida, modifique a direção da SEG como ilustrado abaixo.

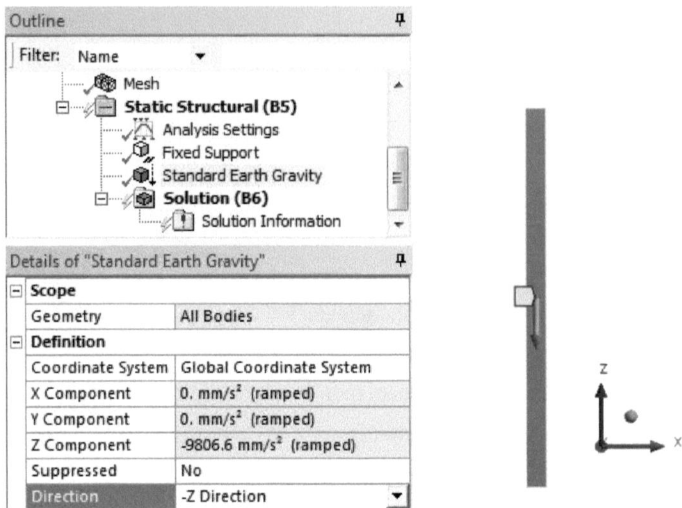

Clique com o botão direito do rato e seleccione "Inserir", depois escolha "Deformação - Total". Proceder à resolução.

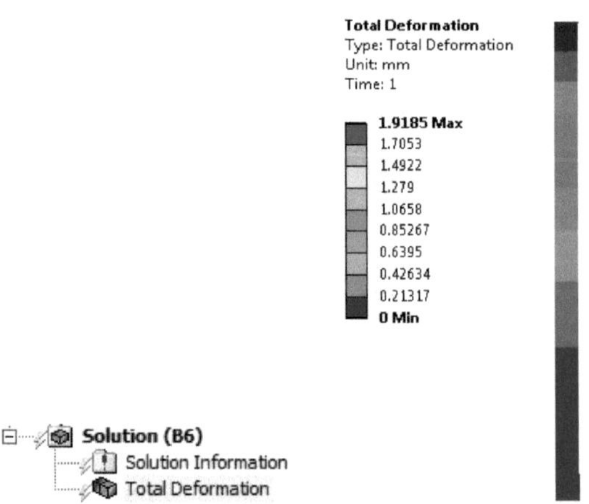

A deformação/alongamento total é determinada como sendo 1,9185 mm. Clique com o botão direito do rato na solução e seleccione "Inserir", depois "Tensão" e escolha "Tensão equivalente". Verifica-se que a tensão equivalente varia ao longo de todo o vão. No entanto, por uma questão de simplicidade, a tensão é de aproximadamente 0,707 MPa na extremidade livre. Este valor pode ser encontrado expandindo o código de cores quando se passa o cursor do rato sobre ele, como demonstrado abaixo.

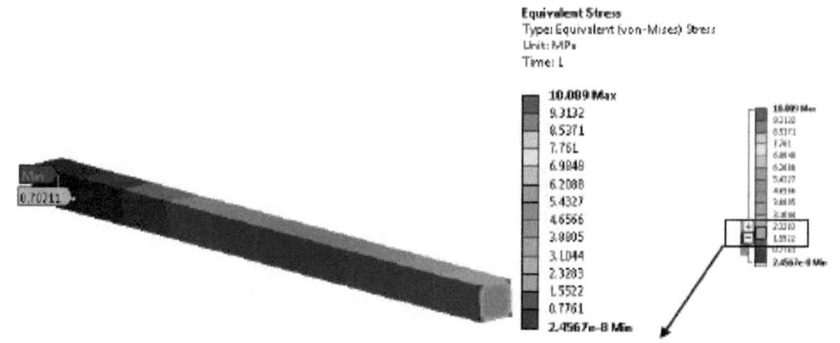

Abordagem analítica

(1) O alongamento total devido ao peso próprio na barra é dado pela expressão matemática como

$$\Delta = WL/2EA \text{ em que } \Delta \text{ é o alongamento total em mm}$$

W é o peso da barra em Kg.

L é o comprimento da barra em mm.

E é o módulo de elasticidade em Mpa

A é a área da secção transversal em mm^2

$$\Delta = 1{,}962 \times 10^7 \times 10 \times 100 \times 10^3 / 2 \times (2 \times 10^5) \times 25 \times 10^6$$

$$= 1{,}962 \text{ mm (Nota: converter Kg em N)}$$

(2) A tensão devida ao peso próprio na barra é dada pela expressão matemática

$$\sigma = W/A$$

$$= 1{,}9625 \times 10^7 / 2{,}5 \times 10^7$$

$$= 0{,}785 \text{ Mpa}$$

Tipo de resultado	Resultados obtidos com a abordagem FEA	Resultados obtidos com a abordagem analítica	Erro percentual
Tensão, MPa	0.707	0.785	1%
Alongamento, mm	1.918	1.962	2.2%

Exercício 3

Considere uma barra em três degraus, com diâmetros d_1 =20 mm, d_2 =15 mm e d_3 = 10 mm e comprimentos axiais l_1 =50 mm, l_2 =75 mm e l_3 =100 mm, como mostra a Fig. A barra está sujeita a uma força de tração axial de 8 KN. Determine a tensão em três partes da barra e a alteração total no comprimento da barra. Assumir E=67000 MPa.

Software de lançamento

Abra o Ansys Workbench e arraste o módulo Static Structural para a janela Project Schematic. Clique duas vezes e renomeie o projeto como demonstrado abaixo.

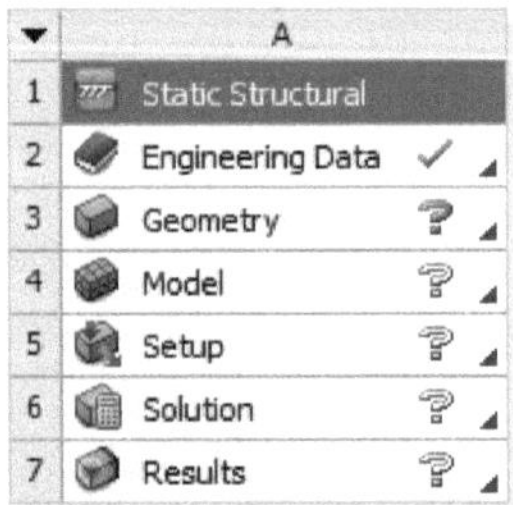

Bars with varying cross section

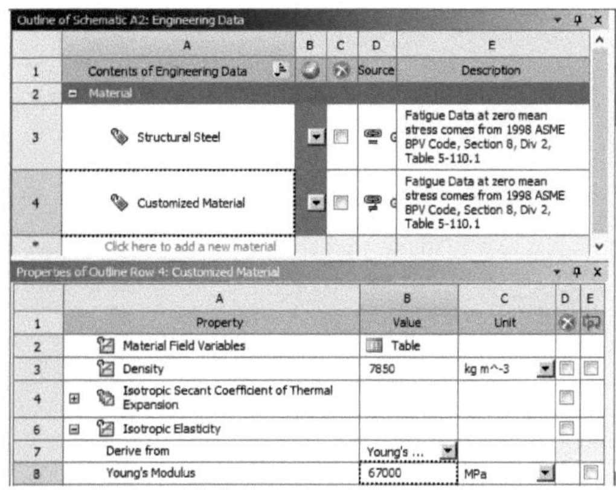

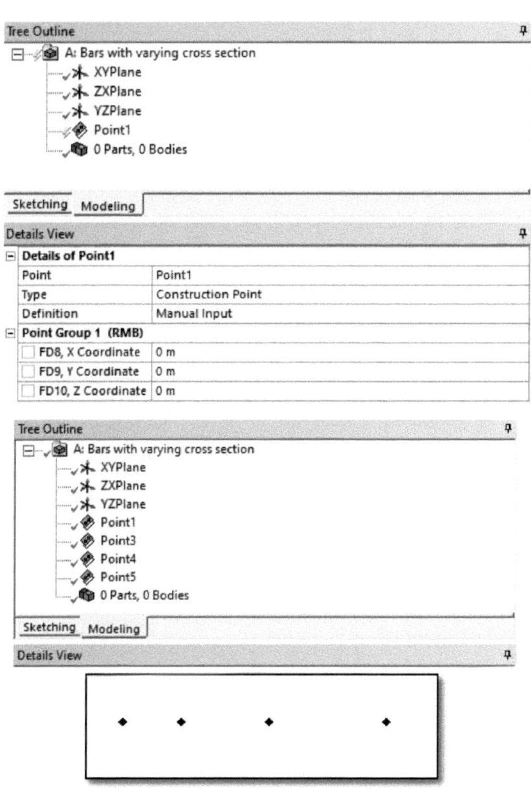

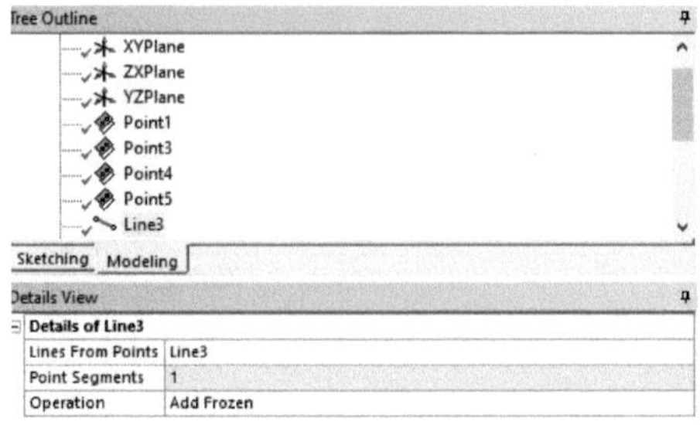

Tree Outline
XYPlane
ZXPlane
YZPlane
Point1
Point3
Point4
Point5
Line3
Sketching Modeling
Details View
Details of Line3
Lines From Points Line3
Point Segments 1
Operation Add Frozen

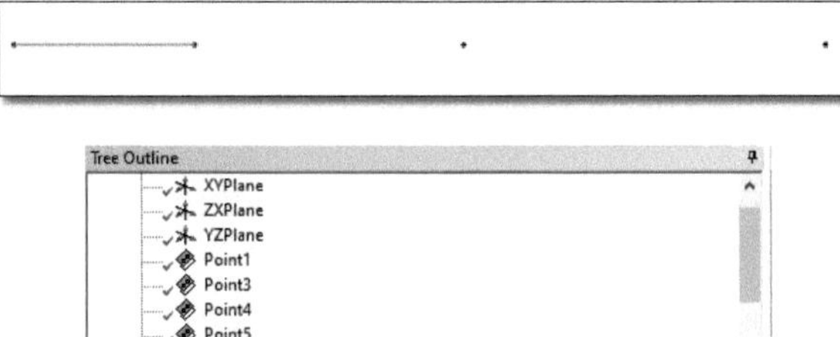

Tree Outline
XYPlane
ZXPlane
YZPlane
Point1
Point3
Point4
Point5
Line3
Line4
Line5
Sketching Modeling
Details View
Details of Line5
Lines From Points Line5
Point Segments 1
Operation Add Frozen

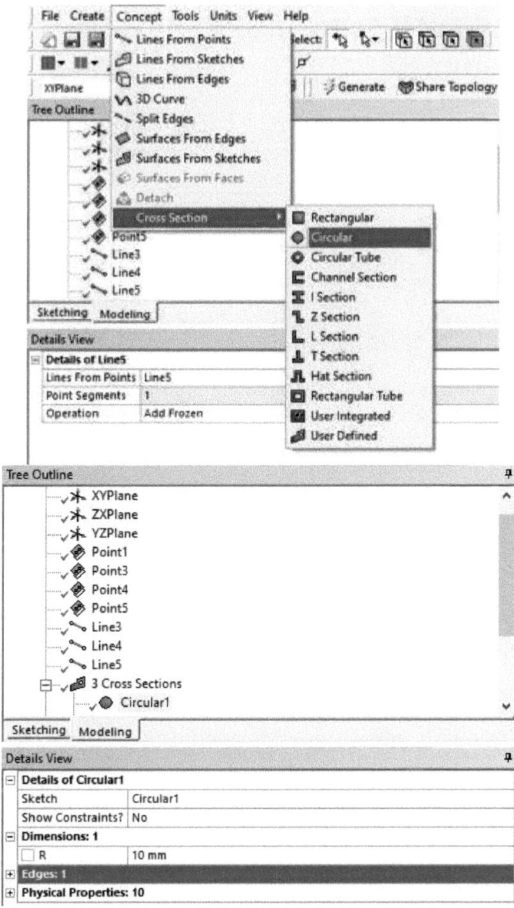

Por uma questão de simplicidade, o raio é considerado para uma dada secção sólida circular.

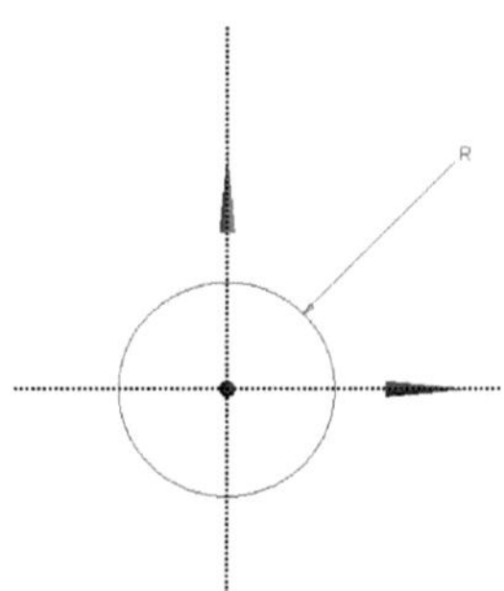

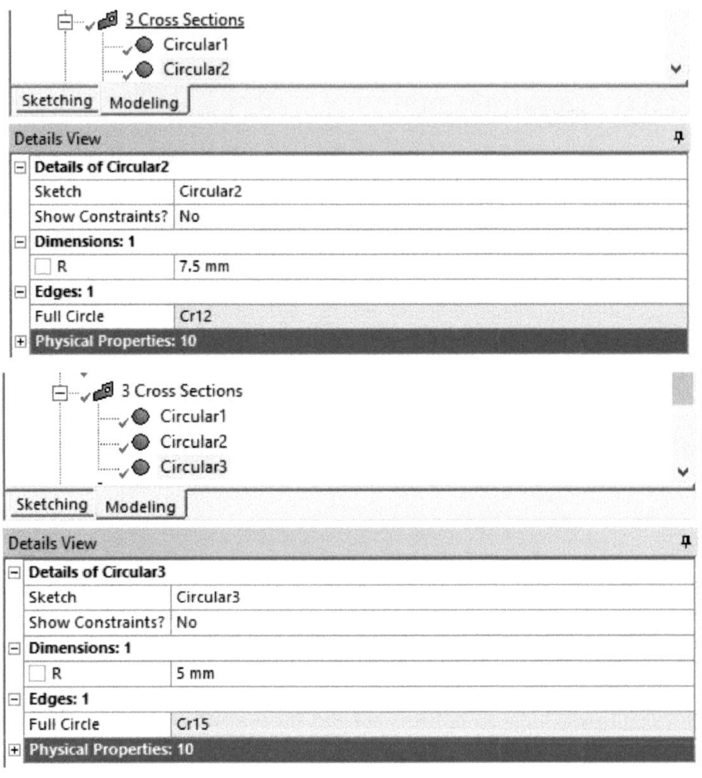

3 Cross Sections
Circular1
Circular2
Sketching   Modeling
Details View
Details of Circular2
Sketch   Circular2
Show Constraints?   No
Dimensions: 1
R   7.5 mm
Edges: 1
Full Circle   Cr12
Physical Properties: 10

3 Cross Sections
Circular1
Circular2
Circular3
Sketching   Modeling
Details View
Details of Circular3
Sketch   Circular3
Show Constraints?   No
Dimensions: 1
R   5 mm
Edges: 1
Full Circle   Cr15
Physical Properties: 10

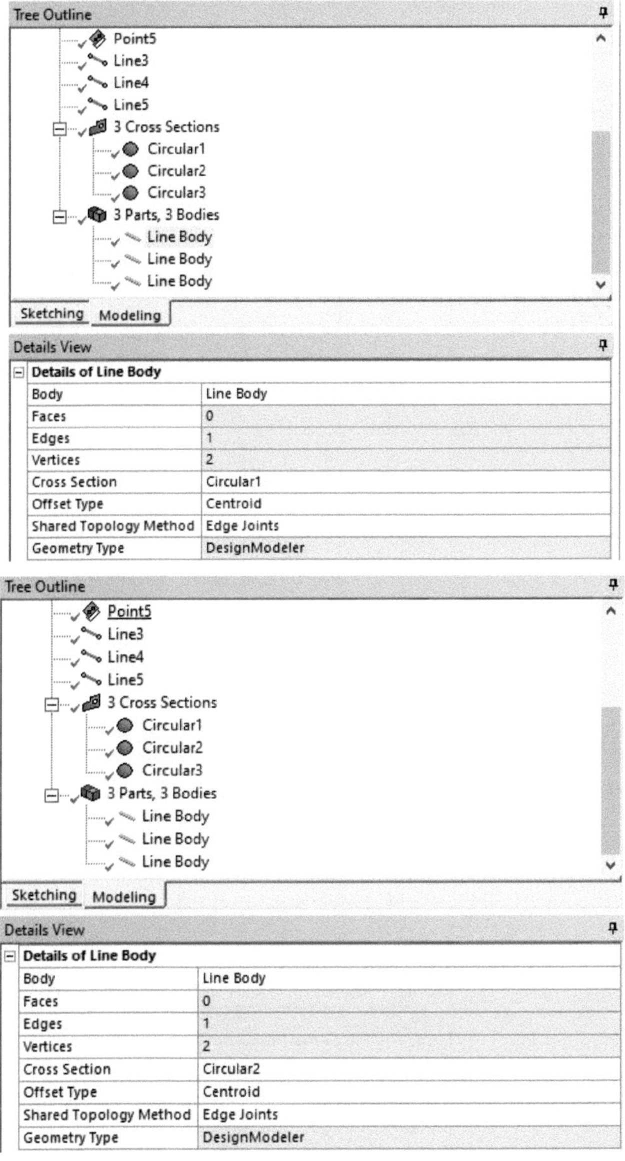

Tree Outline
Point5
Line3
Line4
Line5
3 Cross Sections
Circular1
Circular2
Circular3
3 Parts, 3 Bodies
Line Body
Line Body
Line Body
Sketching   Modeling
Details View
Details of Line Body
Body   Line Body
Faces   0
Edges   1
Vertices   2
Cross Section   Circular1
Offset Type   Centroid
Shared Topology Method Edge Joints
Geometry Type   DesignModeler

Tree Outline
Point5
Line3
Line4
Line5
3 Cross Sections
Circular1
Circular2
Circular3
3 Parts, 3 Bodies
Line Body
Line Body
Line Body
Sketching   Modeling
Details View
Details of Line Body
Body   Line Body
Faces   0
Edges   1
Vertices   2
Cross Section   Circular2
Offset Type   Centroid
Shared Topology Method Edge Joints
Geometry Type   DesignModeler

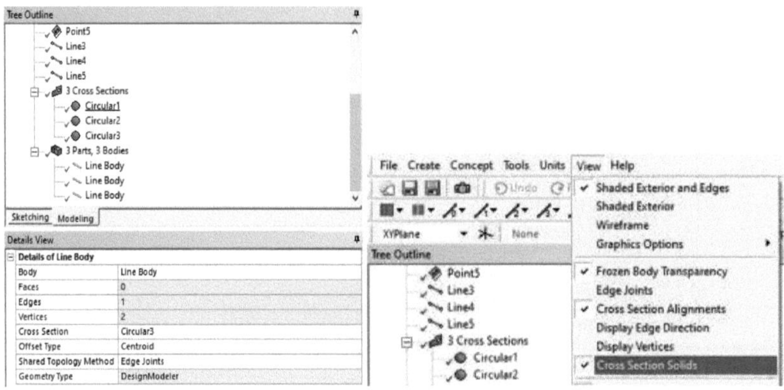

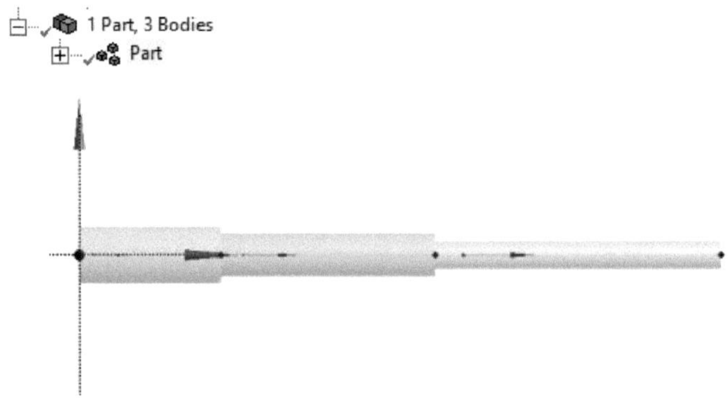

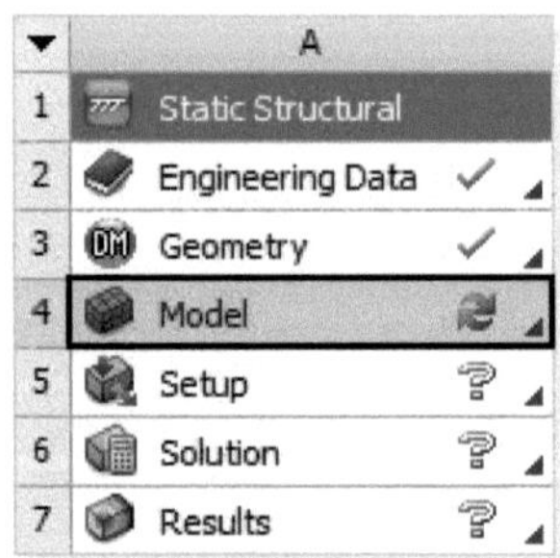

Bars with varying cross section

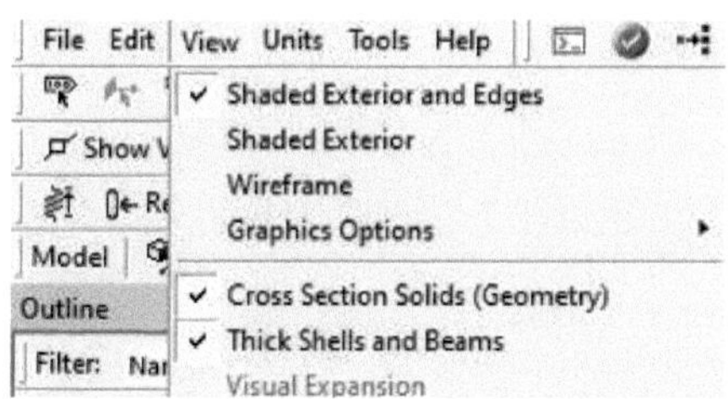

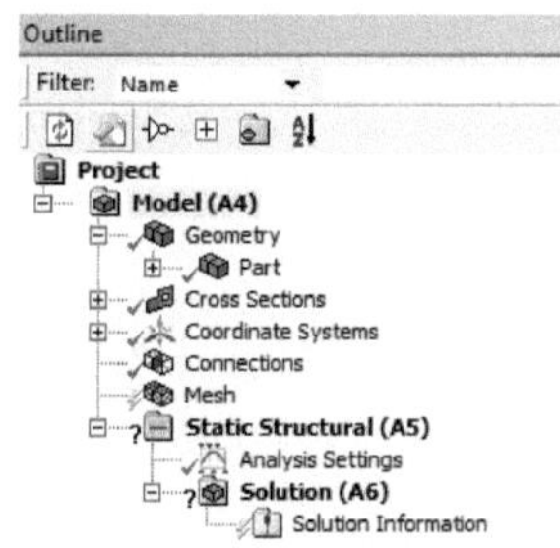

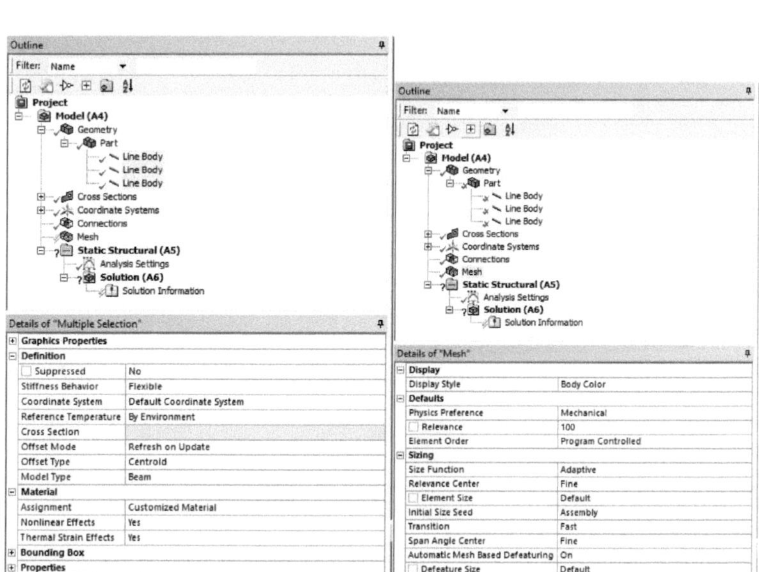

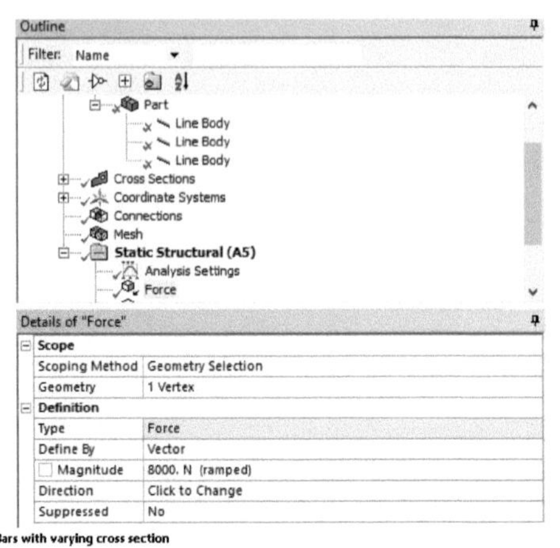

A: Bars with varying cross section
Force
Time: 1. s

Force: 8000. N
Components: 8000.,0.,0. N

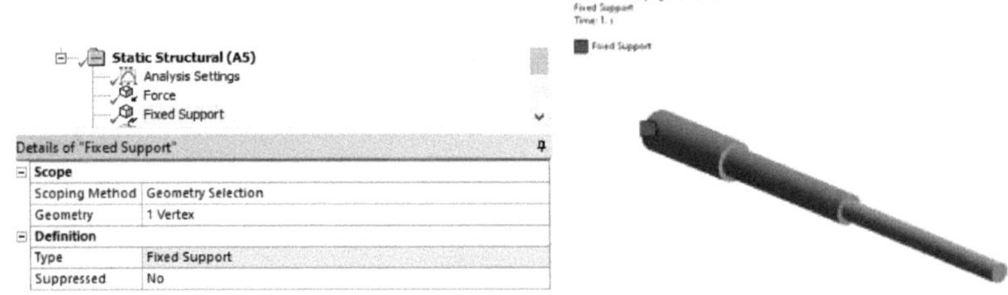

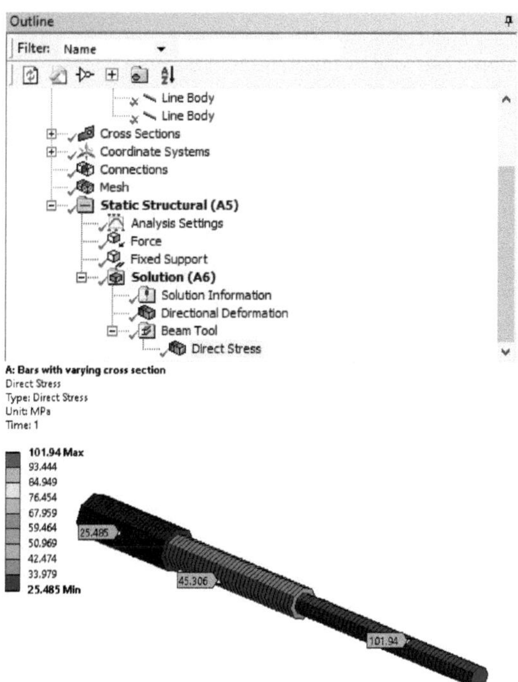

A: Bars with varying cross section
Direct Stress
Type: Direct Stress
Unit: MPa
Time: 1

101.94 Max
93.444
84.949
76.454
67.959
59.464
50.969
42.474
33.979
25.485 Min

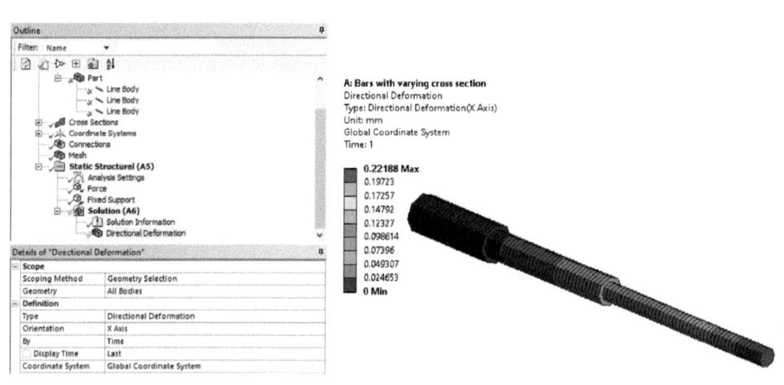

A: Bars with varying cross section
Directional Deformation
Type: Directional Deformation(X Axis)
Unit: mm
Global Coordinate System
Time: 1

0.22188 Max
0.19723
0.17257
0.14792
0.12327
0.098614
0.07396
0.049307
0.024653
0 Min

Abordagem analítica

Sabemos que a tensão na secção cilíndrica individual é dada por.

$\sigma_1 = 4P/\pi d_1^2 = 400 \times 8000/\pi \times 20^2 = 25{,}46$ MPa

$\sigma_2 = 4P/\pi d_2^2 = 400 \times 8000/\pi \times 15^2 = 45{,}27$ MPa

$\sigma_3 = 4P/\pi d_3^2 = 400 \times 8000/\pi \times 10^2 = 101{,}86$ MPa

Além disso, a deformação total/alteração no comprimento da barra é dada por.

Variação total do comprimento, $\Delta l = 4P/\pi E \, (1/d_{11}^2 + 1/d_{22}^2 + 1/d_{33}^2)$

$$= 400 \times 8000/\pi \times 67000 \, (50/20^2 + 75/15^2 + 100/10^2)$$

$$= 0{,}2216 \text{ mm}$$

Tipo de resultado	Resultados obtidos com a abordagem FEA	Resultados obtidos com a abordagem analítica	Erro percentual <0.1%
Tensão, MPa σ_1 σ_2 σ_3	 25.48 45.30 101.94	 25.46 45.27 101.86	 Negligenciável
Alteração total do comprimento, Δl mm	0.2218	0.2216	Negligenciável

Barra compósita sujeita a carga axial

Uma barra rígida está ligada a dois fios, um de aço (3 mm de diâmetro) e outro de cobre (2 mm de diâmetro), de comprimento 1 m cada, como mostra a figura abaixo. Uma carga de 300 N está suspensa no centro. A distância entre os fios é de 200 mm. Se $E = E_{Scu} = 208$ kN/mm^2 .Determine a tensão e o alongamento nas barras.

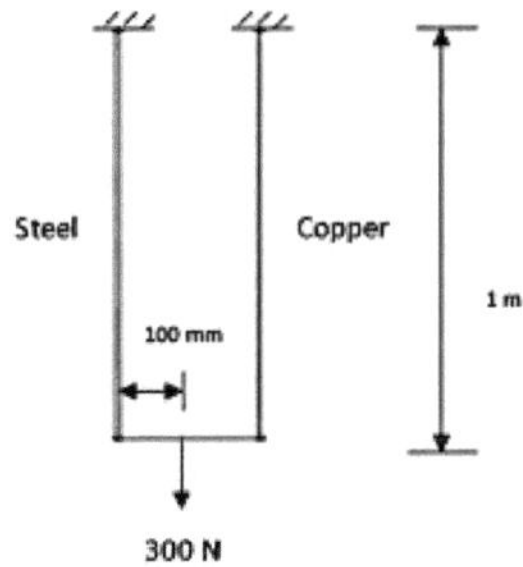

Software de lançamento

Abra o Ansys Workbench e arraste o módulo Static Structural para a janela Project Schematic. Clique duas vezes e renomeie o projeto como mostrado abaixo.

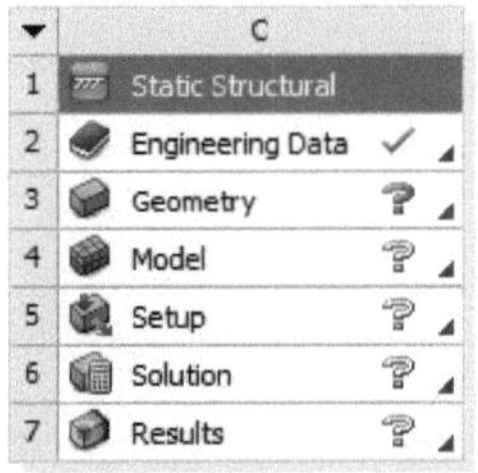

	C		
1	Static Structural		
2	Engineering Data	✓	
3	Geometry	?	
4	Model	?	
5	Setup	?	
6	Solution	?	
7	Results	?	

Composite bar subjected to axial loading

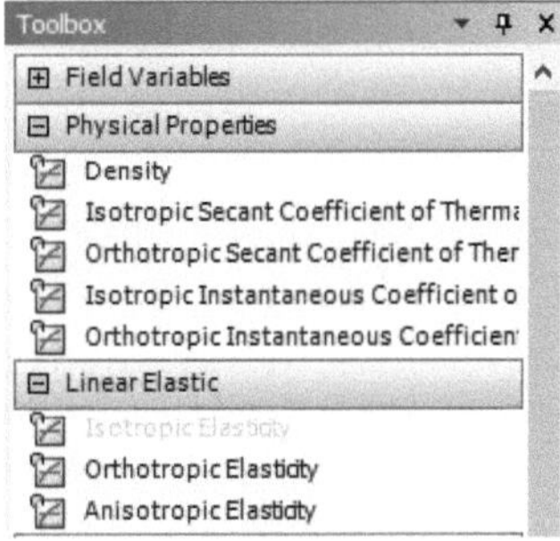

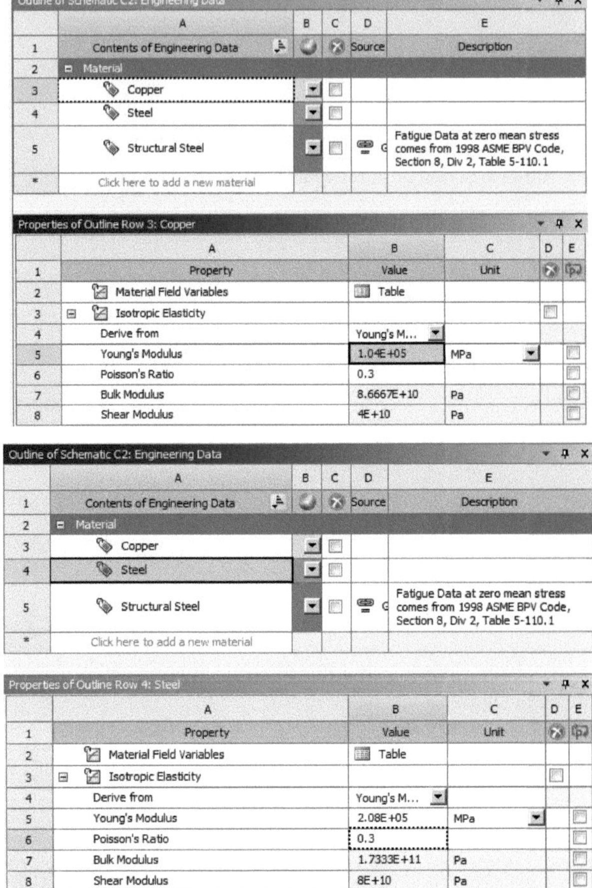

Criar um ponto com a coordenada (0,0,0), como se mostra abaixo.

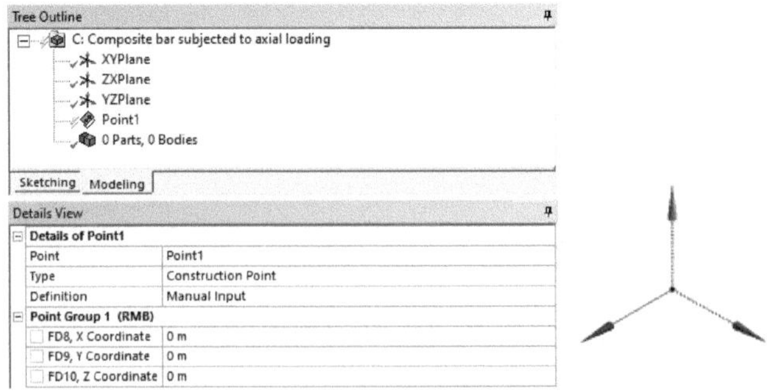

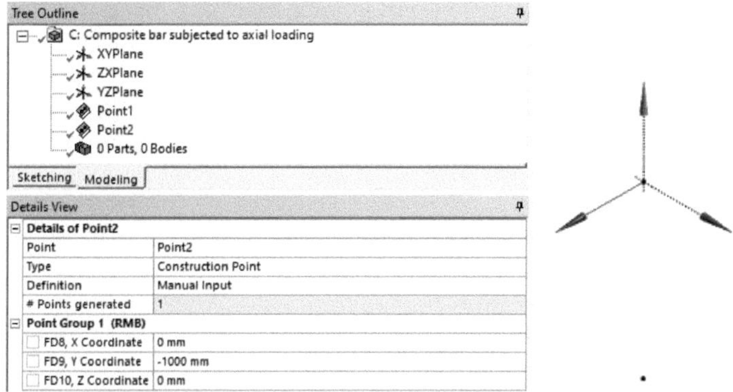

Do mesmo modo, podem ser criados outros pontos, como se mostra a seguir.

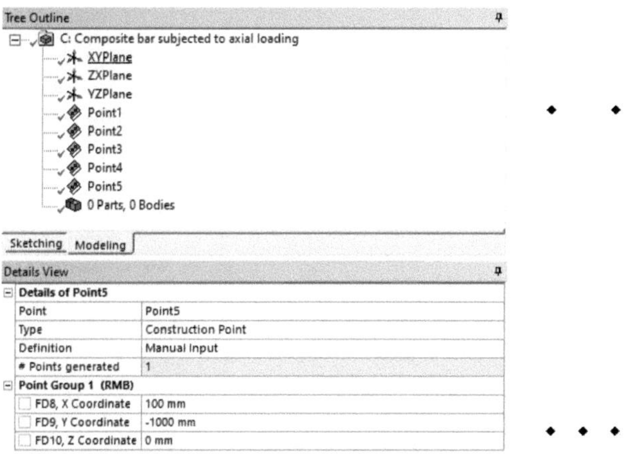

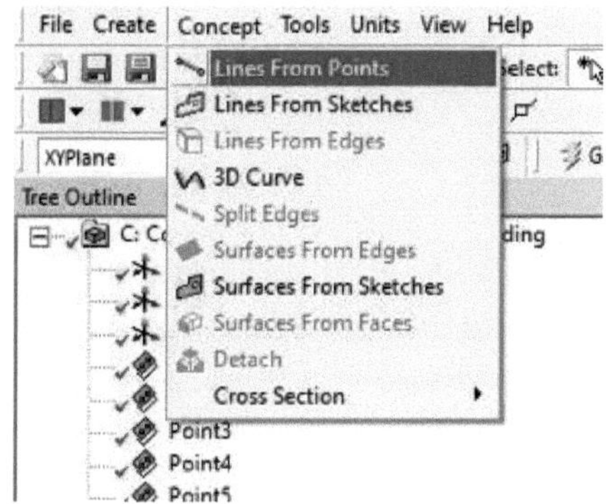

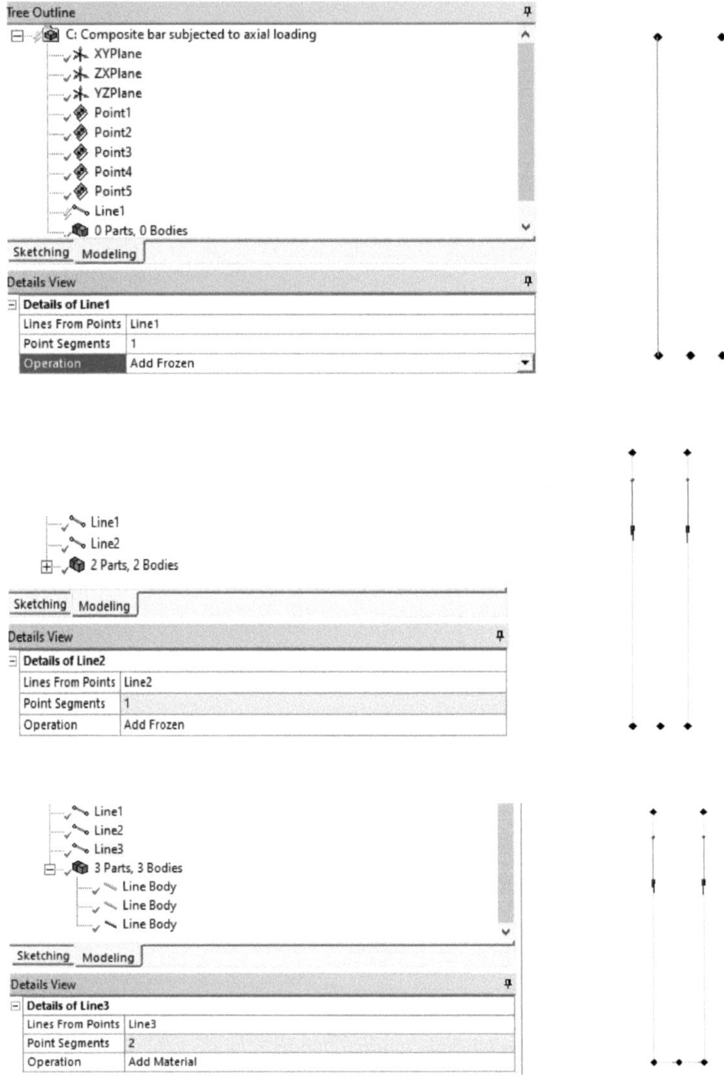

Atribua secções transversais a estas linhas. Para simplificar, vamos atribuir um raio de 1,5 mm à barra de aço, tratada como uma secção circular. Da mesma forma, atribua um raio de 1 mm para a barra de cobre.

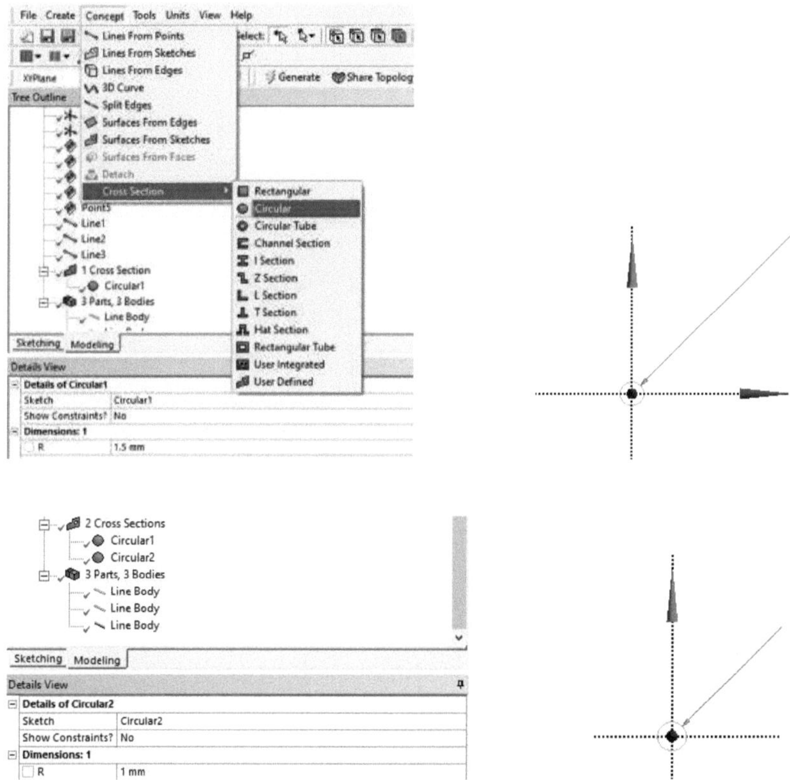

Seleccione "Line Body" (Corpo da linha) no Tree Outline (Esboço da árvore) e atribua "Circular 1" à barra de aço. Da mesma forma, faça o mesmo para selecionar 'Line Body' (Corpo da linha) para a barra de cobre, como mostrado abaixo.

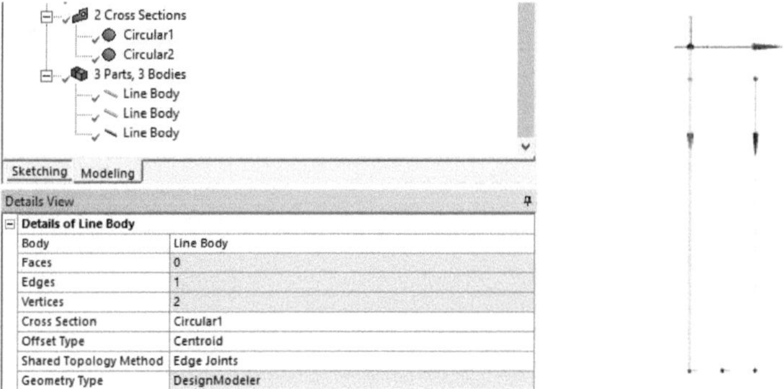

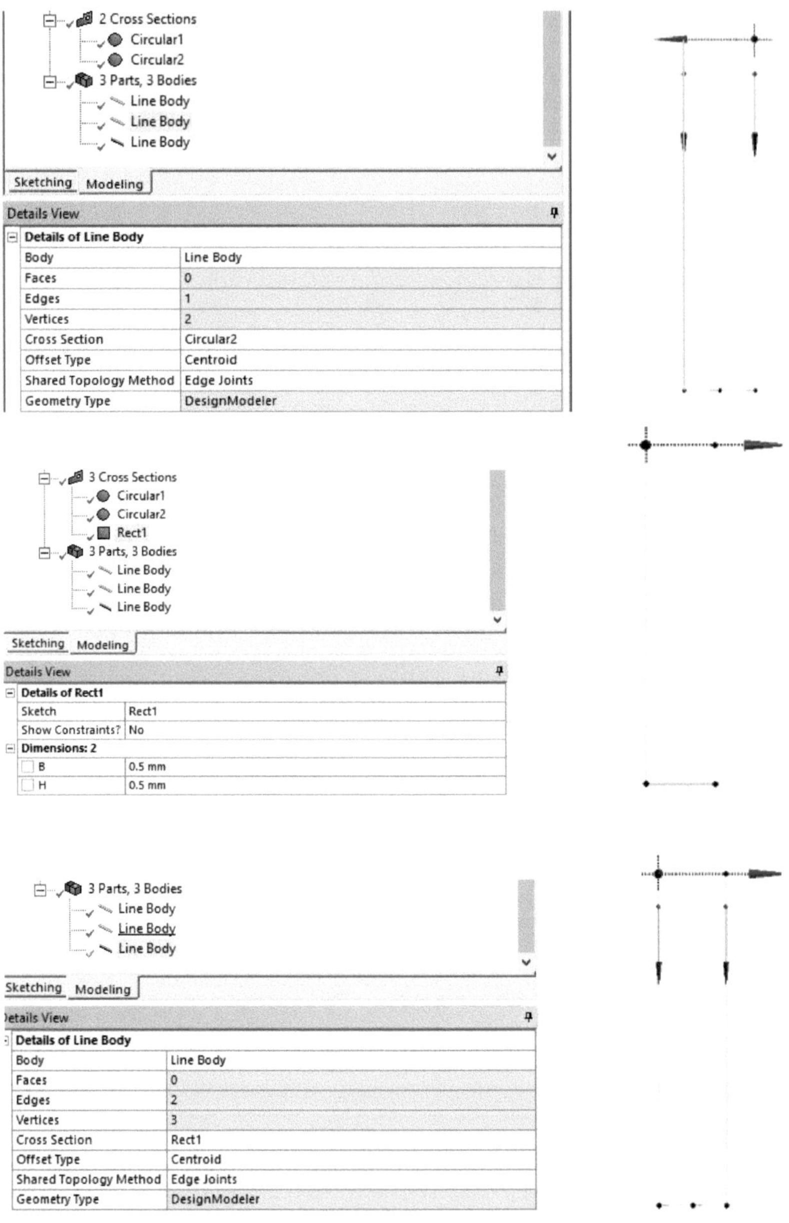

2 Cross Sections
Circular1
Circular2
3 Parts, 3 Bodies
Line Body
Line Body
Line Body
Sketching   Modeling
Details View
Details of Line Body
Body   Line Body
Faces   0
Edges   1
Vertices   2
Cross Section   Circular2
Offset Type   Centroid
Shared Topology Method   Edge Joints
Geometry Type   DesignModeler

3 Cross Sections
Circular1
Circular2
Rect1
3 Parts, 3 Bodies
Line Body
Line Body
Line Body
Sketching   Modeling
Details View
Details of Rect1
Sketch   Rect1
Show Constraints?   No
Dimensions: 2
B   0.5 mm
H   0.5 mm

3 Parts, 3 Bodies
Line Body
Line Body
Line Body
Sketching   Modeling
Details View
Details of Line Body
Body   Line Body
Faces   0
Edges   2
Vertices   3
Cross Section   Rect1
Offset Type   Centroid
Shared Topology Method   Edge Joints
Geometry Type   DesignModeler

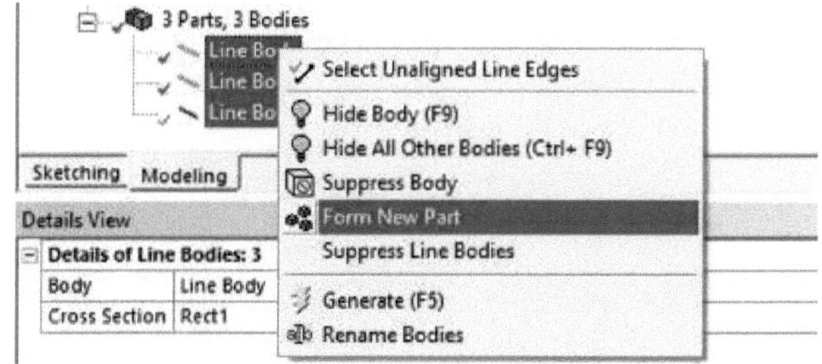

Ampliar para ver as secções transversais das barras.

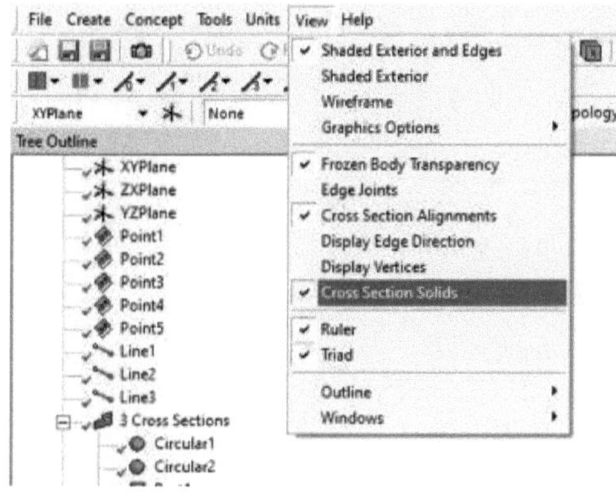

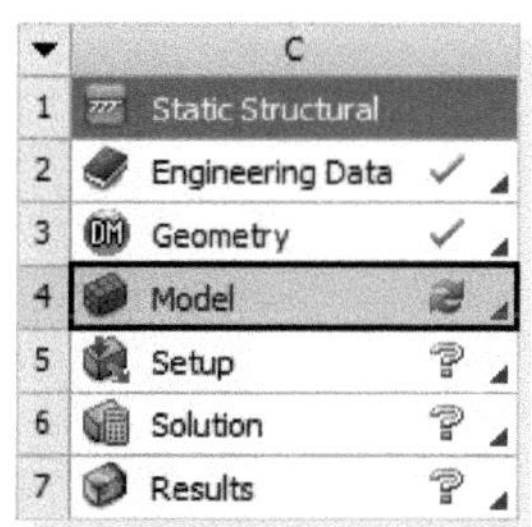

Composite bar subjected to axial loading

Vá a "Ver" e active a opção "Sólidos de secção transversal".

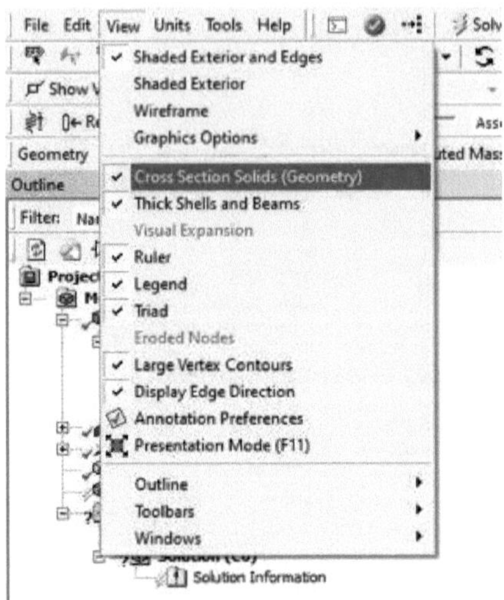

Na geometria, seleccione o corpo da linha e atribua Aço como material. De forma semelhante, atribua cobre ao outro corpo de linha, como se mostra abaixo.

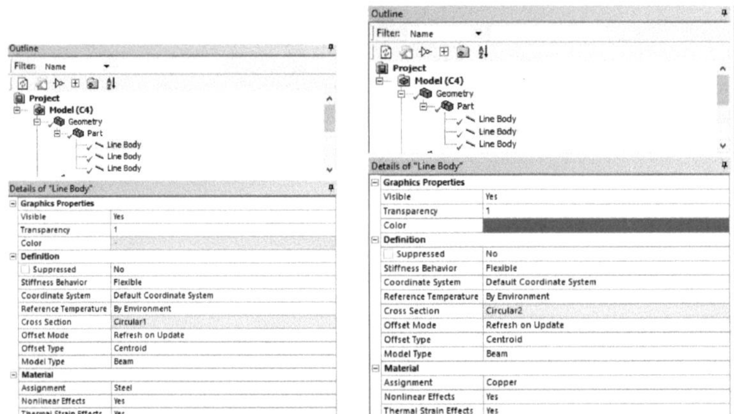

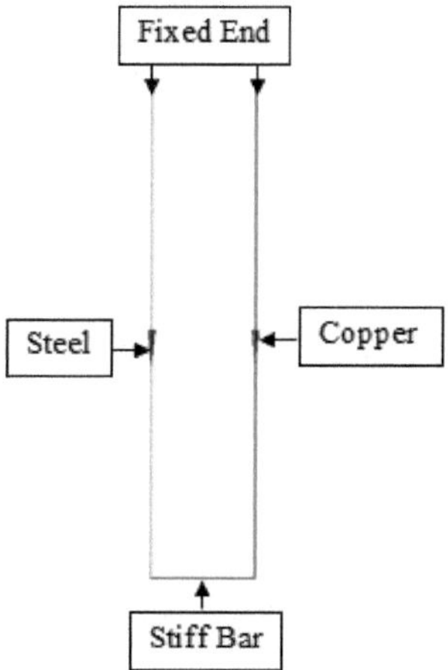

Aplique as seguintes definições, tal como ilustrado abaixo, para a barra de linhas horizontais e enquadre as barras utilizando as definições apresentadas em Detalhes da malha.

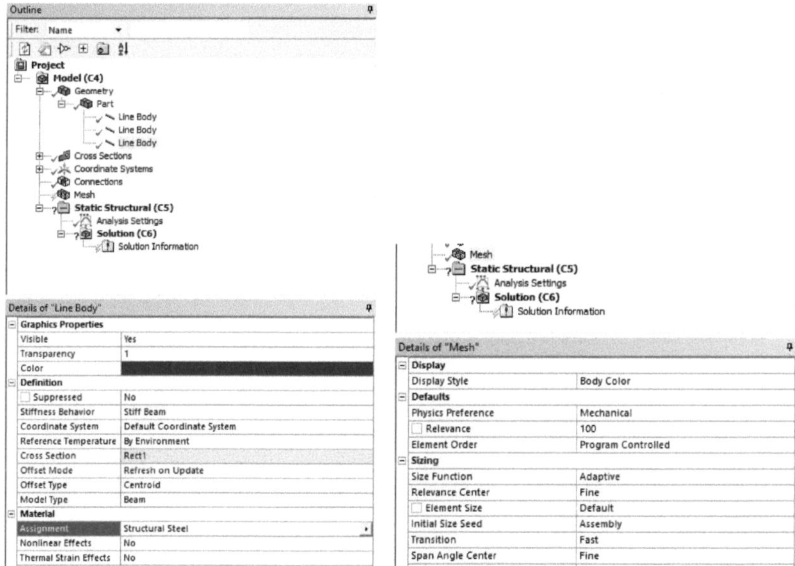

Aumentar o zoom para ver as barras de malha.

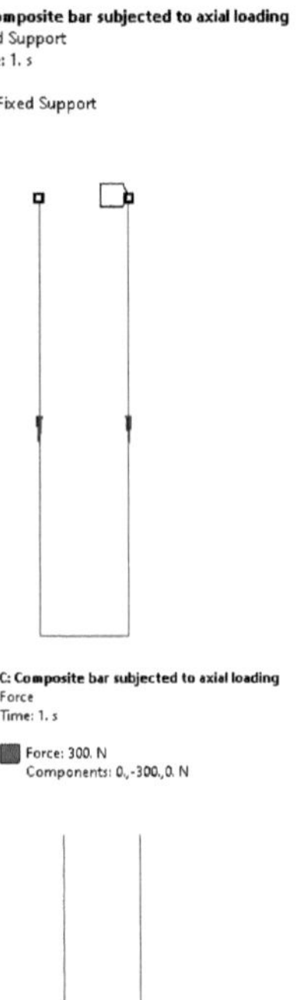

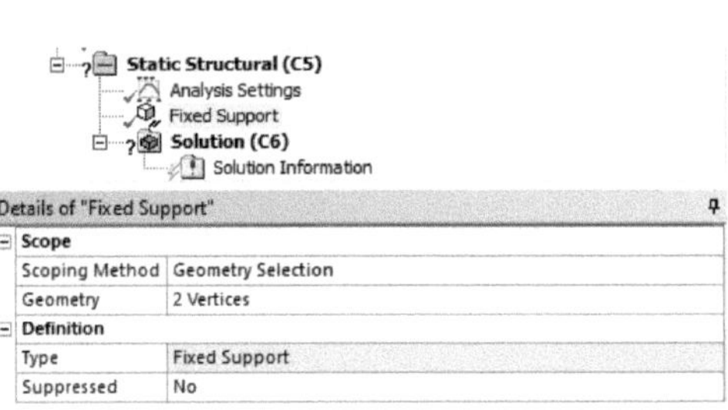

Static Structural (C5)
Analysis Settings
Fixed Support
Solution (C6)
Solution Information

Details of "Fixed Support"	
Scope	
Scoping Method	Geometry Selection
Geometry	2 Vertices
Definition	
Type	Fixed Support
Suppressed	No

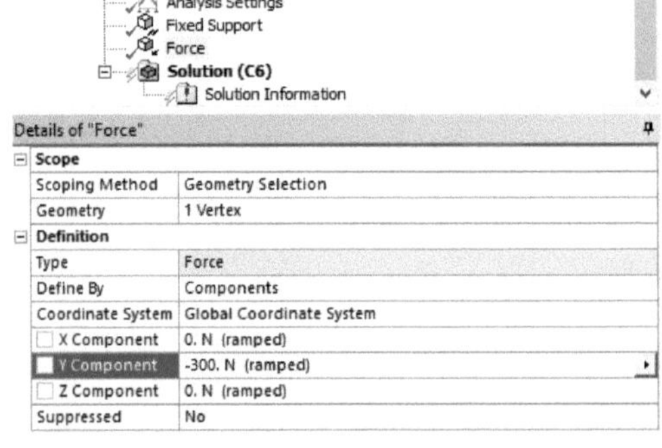

Static Structural (C5)
Analysis Settings
Fixed Support
Force
Solution (C6)
Solution Information

Details of "Force"	
Scope	
Scoping Method	Geometry Selection
Geometry	1 Vertex
Definition	
Type	Force
Define By	Components
Coordinate System	Global Coordinate System
X Component	0. N (ramped)
Y Component	-300. N (ramped)
Z Component	0. N (ramped)
Suppressed	No

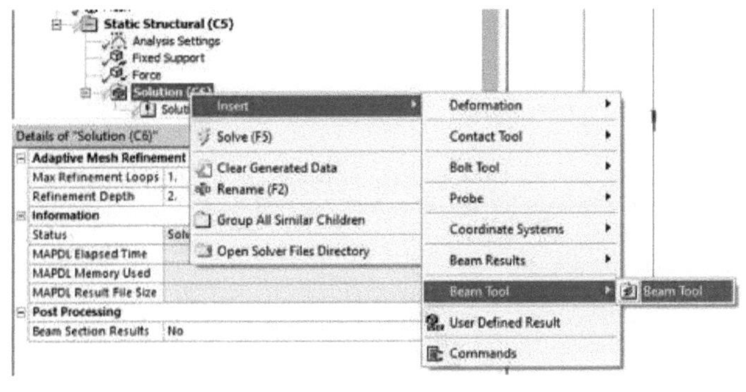

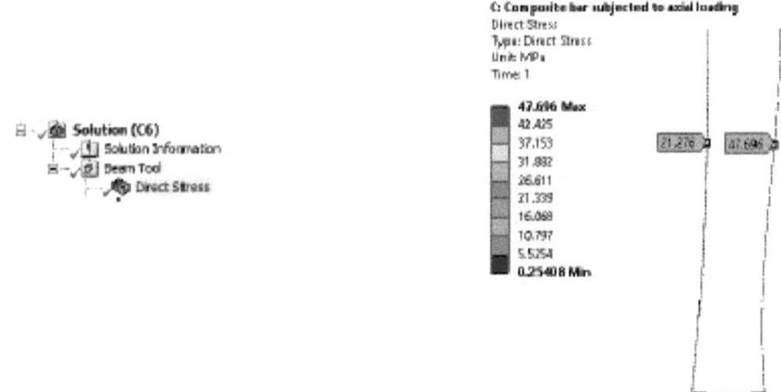

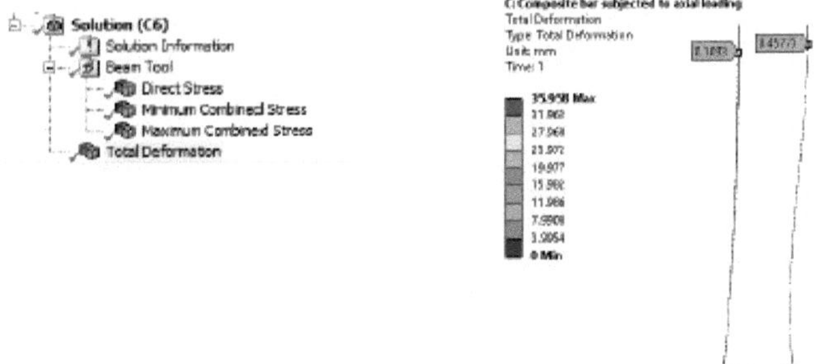

Abordagem analítica

Uma carga de 300 N é aplicada no centro, de modo que a reação.

$R_S = R_{cu} = 300/2 = 150$ N

Diâmetro do fio de cobre =2 mm

Diâmetro do fio de aço =3 mm

Tensão no fio de cobre $\sigma_{cu} = P/A = R_{cu}/A_{cu}$

$$= 150 \times 4 / \pi \times 2^2$$

$$= 47{,}75 \text{ N/mm}^2$$

Tensão no fio de aço $\sigma_s = P/A = R_s/A_s$

$$= 150 \times 4/\pi \times 3^2$$

$$= 21{,}22 \text{ N/mm}^2$$

Variação do comprimento do fio de cobre, $\Delta l_{Cu} = \sigma_{cu} \times l_{/E\ cu}$

$$= 47{,}75 \times 1000/104000 = 0{,}459 \text{ mm}$$

Nota: onde l e Δl são o comprimento original e a variação do comprimento do fio, respetivamente.

Variação do comprimento do fio de aço, $\Delta l_s = \sigma_s \times l_{/E\ s}$

$$= 21{,}22 \times 1000/208000 = 0{,}102 \text{ mm}$$

Tipo de resultado.	Resultados obtidos com a abordagem FEA	Resultados obtidos com a abordagem analítica	Erro percentual
Tensão, MPa σ_s σ_{Cu}	21.26 47.696	21.22 47.75	Negligenciável
Variação do comprimento, Δl mm. Δl_s Δl_{Cu}	0.109 0.457	0.102 0.459	Negligenciável

Placa com furo sujeita a carga axial

Para o modelo de placa representado na figura abaixo, determine a tensão nominal.

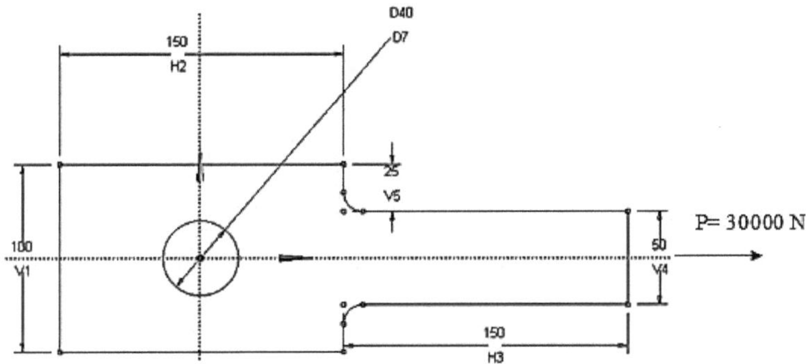

Software de lançamento

Arraste o módulo Static Structural para o esquema do projeto. Em seguida, faça duplo clique na parte inferior e altere o nome para 'Plate with Hole' (Placa com furo), como mostrado abaixo.

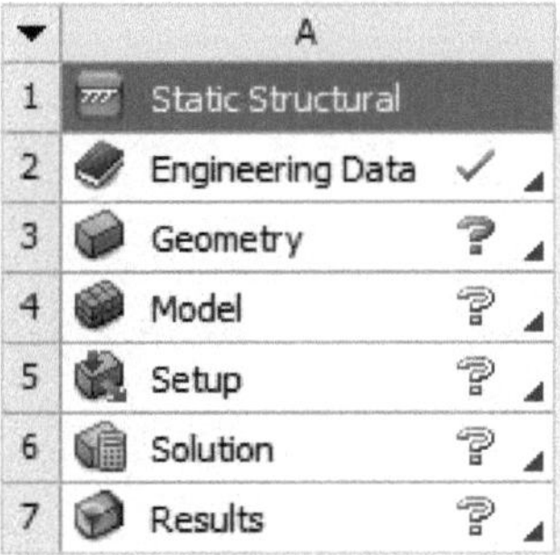

Plate with hole

Faça duplo clique nos dados de engenharia e certifique-se de que consegue visualizar as propriedades predefinidas do material para o aço estrutural.

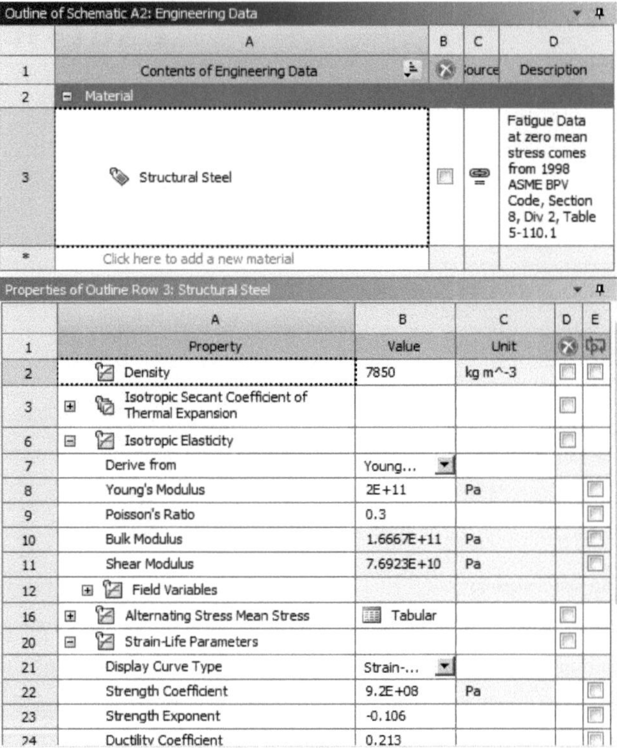

Faça duplo clique em Geometry e aguarde que a janela Design Modeler se abra. Desenhe o esboço como mostrado abaixo com as dimensões mostradas Use fillet 10 mm. Utilizar a opção de extrusão por simetria (5mm).

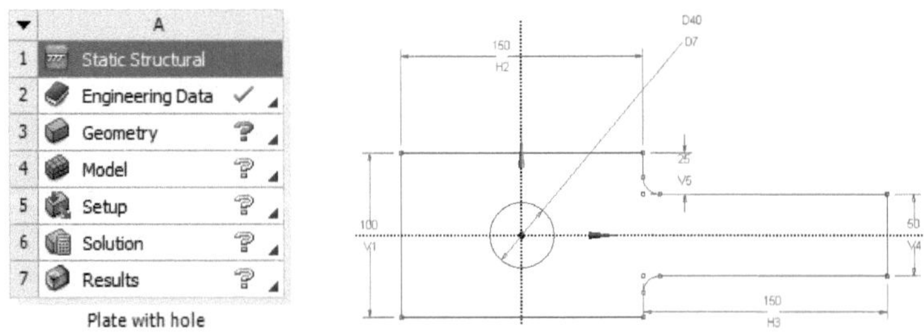

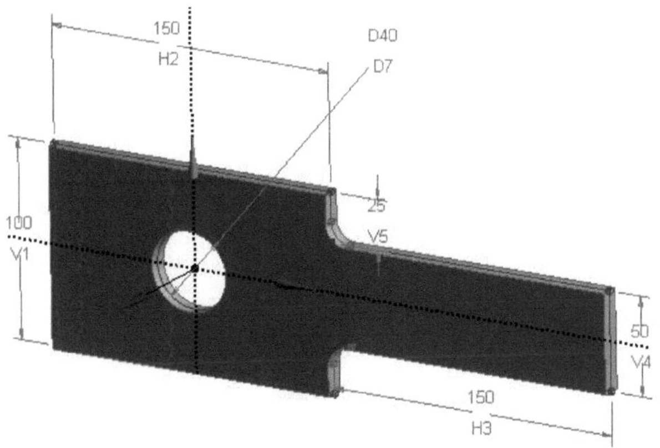

Regresse à janela do esquema do projeto e faça duplo clique em "Modelo". Aguarde até abrir uma nova janela Mecânica. Expanda a geometria e seleccione "Parte 1" (que representa o orifício com a placa). Por defeito, será selecionado o Aço Estrutural, como se mostra nos Detalhes da Peça 1.

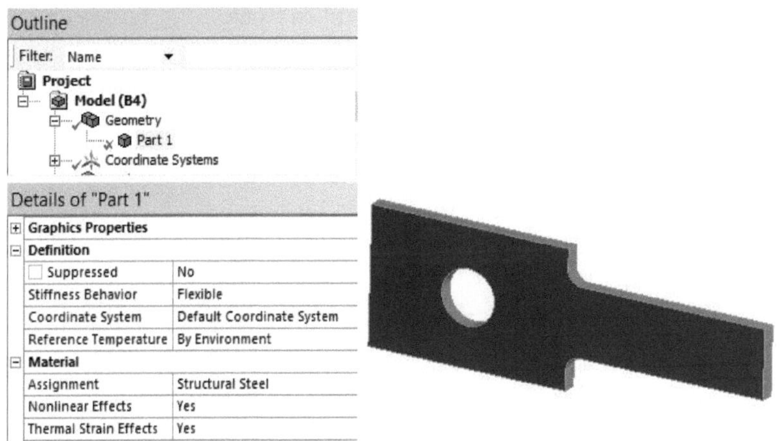

Malha: No contorno da árvore, atribua as seguintes definições, conforme ilustrado na figura abaixo. É de salientar que uma qualidade de malha mais elevada pode conduzir a resultados mais exactos, mas pode aumentar o tempo de cálculo do calculador. No caso de geometria simples, pode ser recomendada uma malha normal.

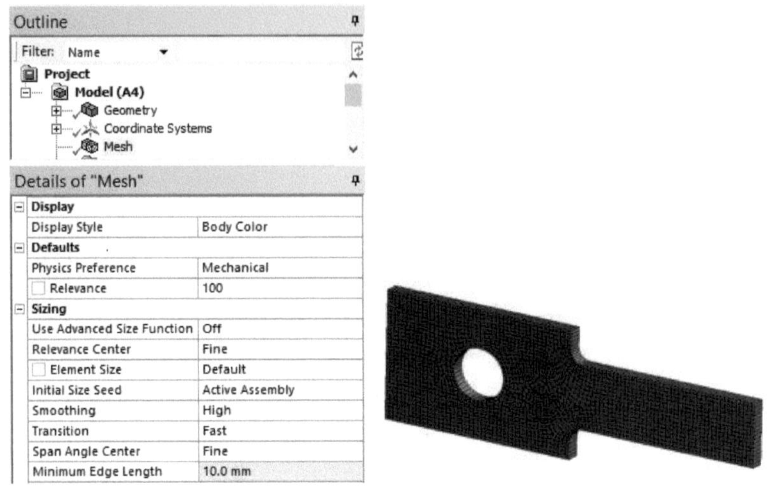

Para determinar o número de nós e elementos utilizados no modelo atual, navegue até aos detalhes da malha e seleccione "Estatísticas". Isto fornece-lhe o número total de nós e elementos utilizados na placa acima

Condições de fronteira: Nos Detalhes do apoio fixo, selecionar a extremidade esquerda da face da placa como indicado abaixo e clicar em "Aplicar

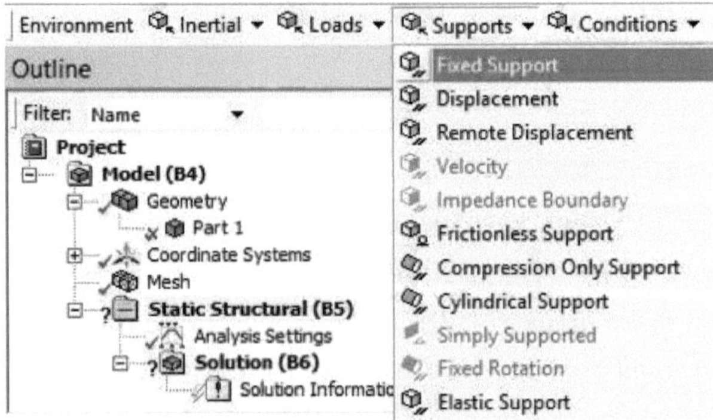

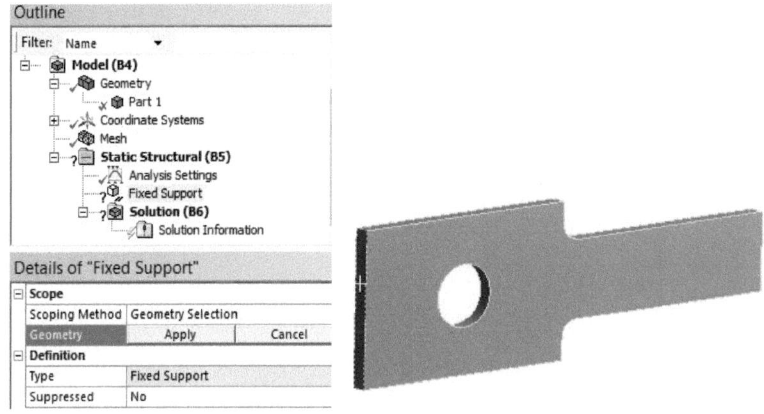

Uma vez fixada a extremidade da placa, observa-se a mudança da cor verde para azul, como mostra a figura.

Seleccione 'Static Structural' na árvore de contornos, navegue até 'Loads' e escolha 'Force' como demonstrado abaixo. Seleccione a face oposta e introduza a magnitude como 30000 N, como mostrado abaixo.

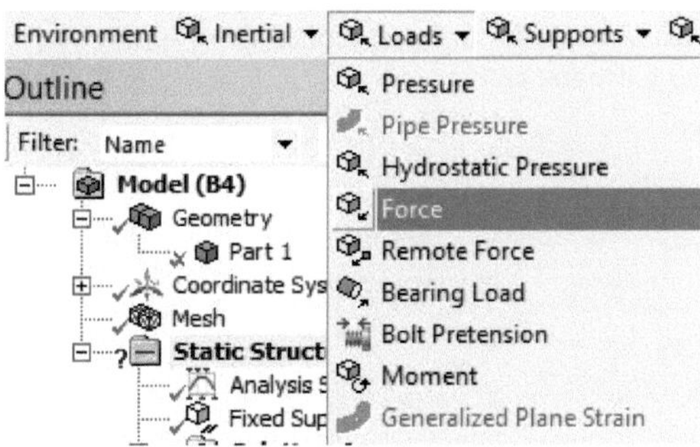

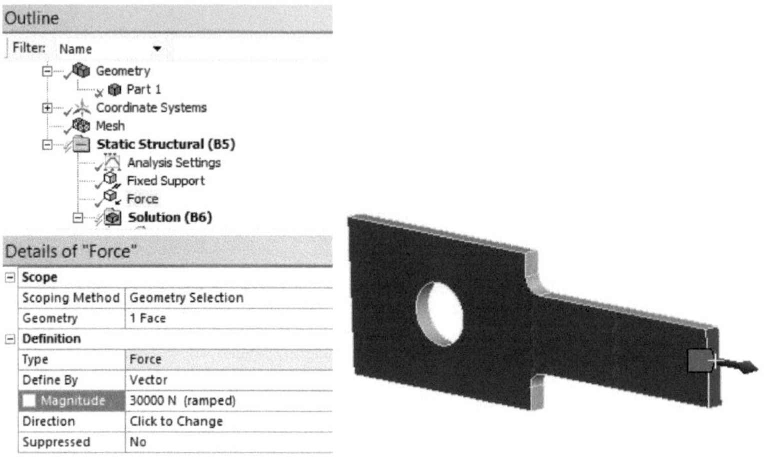

Seleccione 'Apoio fixo' e 'Força' na árvore de contornos. Por fim, verá todas as condições de fronteira aplicadas apresentadas na figura.

Resultados/Solução: Clicar com o botão direito do rato na solução -inserir-stress-normal stress como mostrado na Fig.

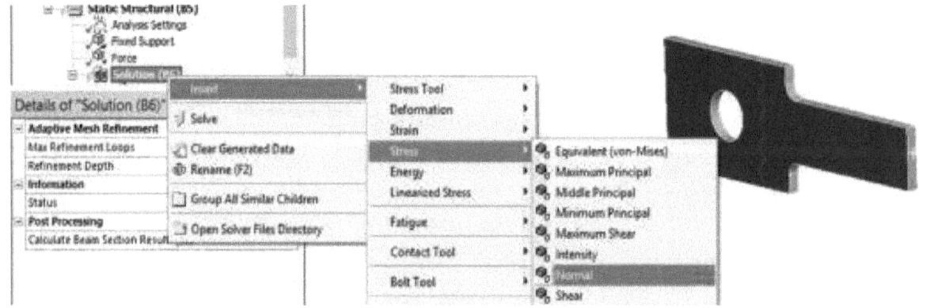

Clique com o botão direito do rato em "Solução" e seleccione "Resolver". Agora, pode fazer uma pausa durante algum tempo, pois o computador demorará algum tempo a resolver e a fornecer-lhe o resultado, nomeadamente a tensão normal.

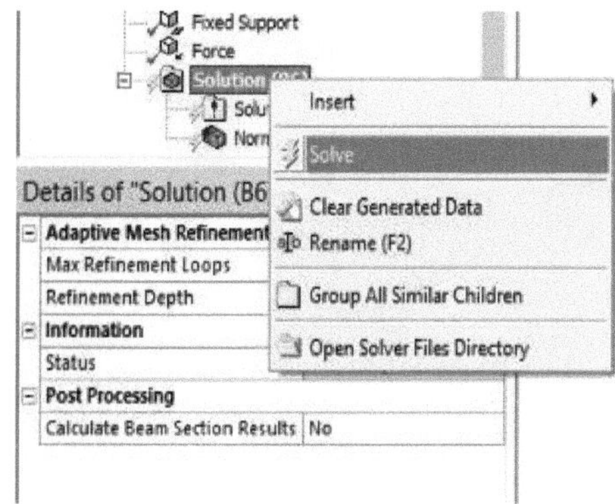

Como podemos ver, a tensão normal máxima é de aproximadamente 122,56, o que difere do que obtivemos utilizando o método analítico.

Utilizar a ferramenta de sondagem: Seleccione a ferramenta de sondagem e aproxime o cursor da zona vermelha. Mova o cursor do rato como demonstrado na figura abaixo.

Há duas formas de verificar a exatidão do trabalho:

1. Estimativa de erros

2. Técnica de convergência

Clique com o botão direito do rato em "Solution" e seleccione "Error

No primeiro caso, podemos observar que o erro é insignificante perto da região do furo (sem marca vermelha), mas é visível no canto esquerdo, o que não interessa neste trabalho.

2. Técnica de convergência:

Neste processo, o nosso objetivo é garantir que a nossa solução apenas se altera em 1%. Para tal, seleccione 'Tensão normal', depois clique com o botão direito do rato e escolha 'Convergência' na lista apresentada.

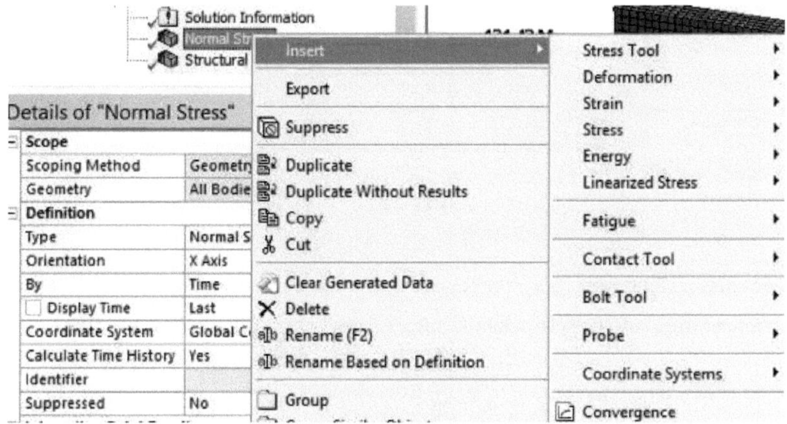

Na janela do lado direito, o Histórico de convergência será visível.

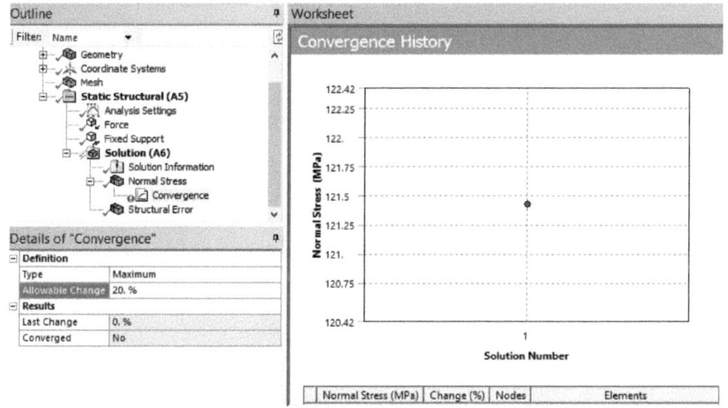

Verifique a convergência da solução alterando a variação permitida para 1%. Seleccione 'Convergência' e aplique as seguintes definições, como mostra a figura abaixo.

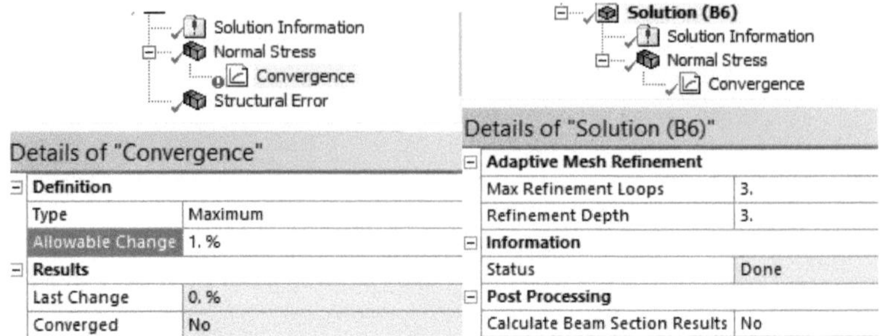

Além disso, seleccione 'Solution' e altere os loops de refinamento máximos para 2 e a profundidade de refinamento para 1, como mostrado na figura abaixo.

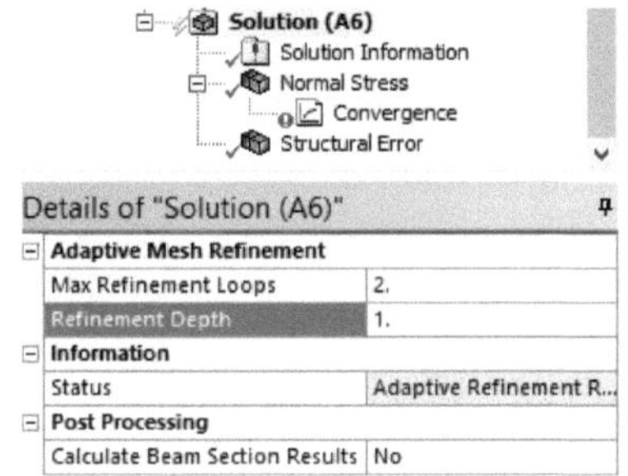

Agora, mais uma vez, clique com o botão direito do rato e resolva. Como podemos ver, a convergência é alcançada para uma alteração de 1% com uma marca de verificação verde, juntamente com outros pormenores importantes.

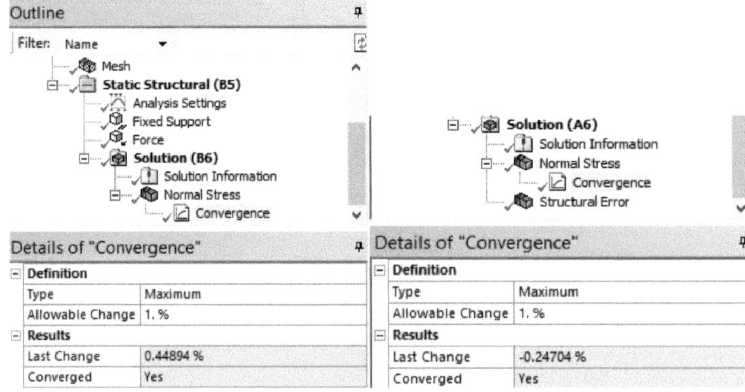

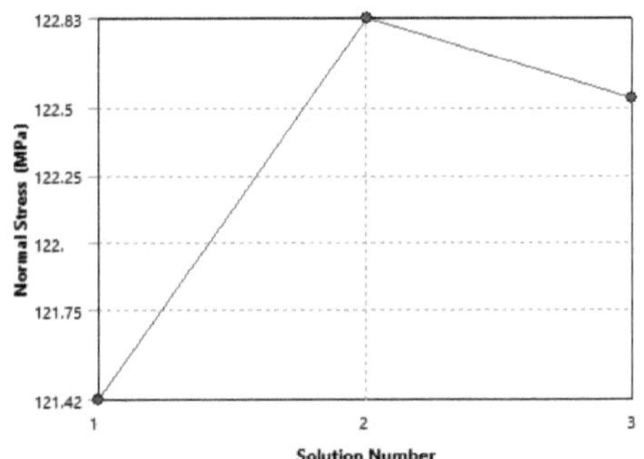

	Normal Stress (MPa)	Change (%)	Nodes	Elements
1	121.42		44470	8920
2	122.83	1.1585	46296	24158
3	122.53	-0.24704	118671	72016

A partir do gráfico acima e dos dados tabulares, é evidente que há um ligeiro aumento no valor de 121,42 para 122,53, que está dentro de 1%. No entanto, a magnitude da tensão normal 122,83 excede o limite de 1% e pode não ser aceitável. O aumento da dimensão da malha não influencia de forma apreciável a magnitude da tensão normal e verifica-se que é inferior a 1%.

O cálculo abaixo demonstra como conseguimos uma convergência de menos de 1% para o modelo de malha atual.

$$\{(122.53-121.42)/121.42\} \times 100 = 0.9 < 1\%$$

Traçando o gráfico: Regresse à janela Design Modeler e seleccione o xy Plane. Proceda à criação de um novo esboço, como mostra a figura abaixo

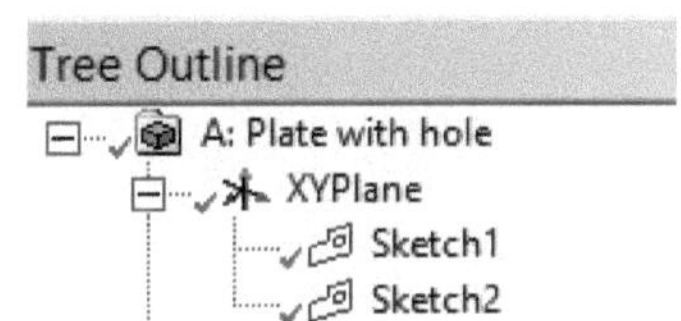

Desenhe uma linha reta como ilustrado abaixo. Depois, vá a 'Conceito' e seleccione 'Linhas a partir de esboços'.

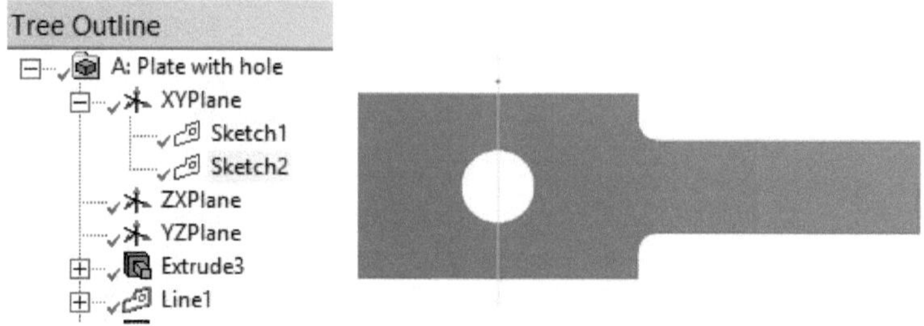

Vá para a ferramenta e seleccione a opção "Divisão de faces". Escolha a face alvo, que é a superfície do modelo (cor verde) como mostrado abaixo, e seleccione a ferramenta de geometria como uma linha reta (cor ciano).

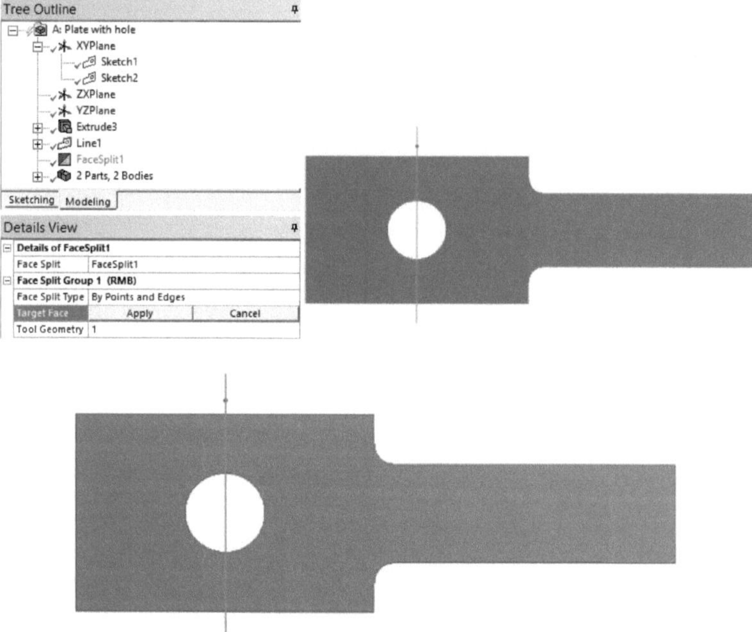

Suprima o corpo da linha clicando com o botão direito do rato por baixo do contorno da árvore. Isto criará duas partes, como mostra a figura abaixo.

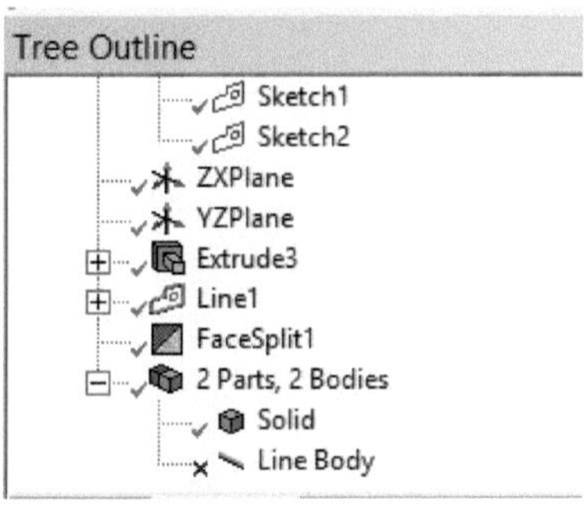

Vá para a janela Mecânica e actualize-a uma vez. O modelo final aparecerá como mostra a figura abaixo.

Seleccione "Modelo" na árvore de contornos e, em seguida, clique com o botão direito do rato e escolha "Inserir", seguido de "Geometria de construção". Depois, clique novamente com o botão direito do rato, seleccione 'Inserir' e escolha 'Caminho'. Ser-lhe-á pedido que especifique o caminho, como mostrado abaixo.

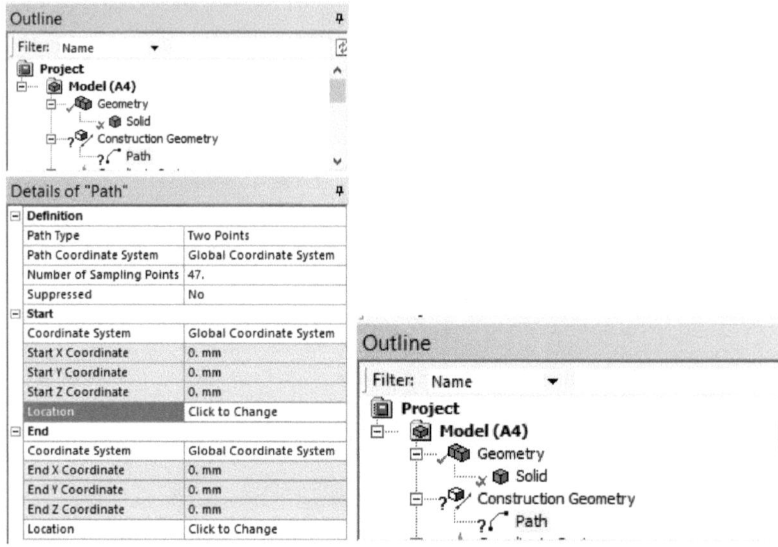

Nos detalhes do Caminho, altere o tipo de caminho para "Borda", como mostrado abaixo. Em seguida, seleccione o lado direito da aresta circular, conforme ilustrado na figura abaixo.

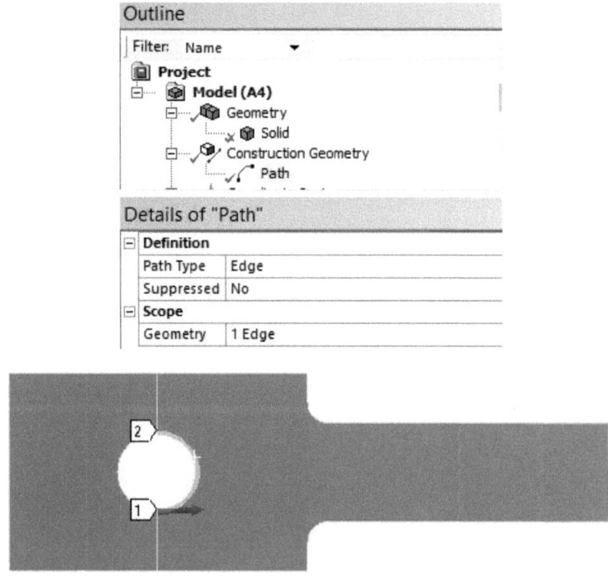

Clique com o botão direito do rato em "Solução" e, em seguida, insira "Tensão normal". Altere os parâmetros dos detalhes da tensão normal, conforme demonstrado abaixo.

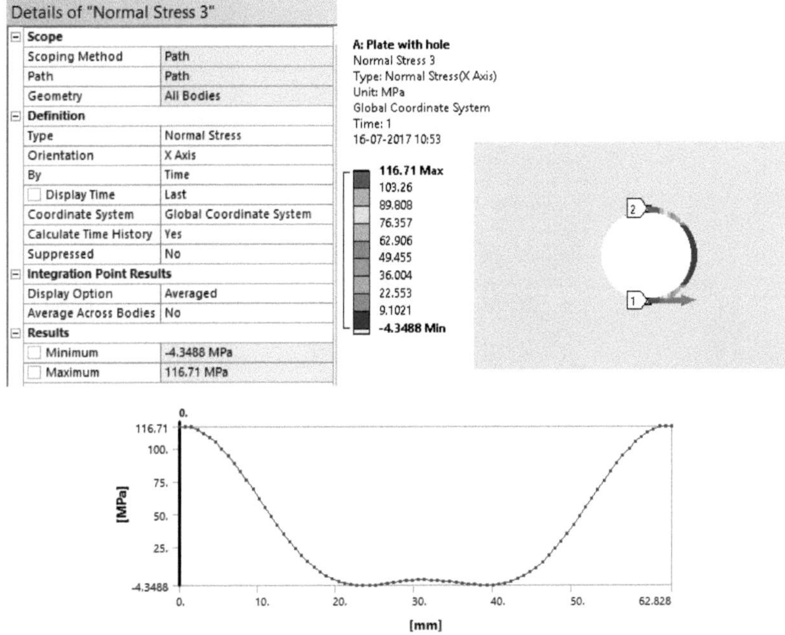

Utilização do sistema de coordenadas cilíndricas.

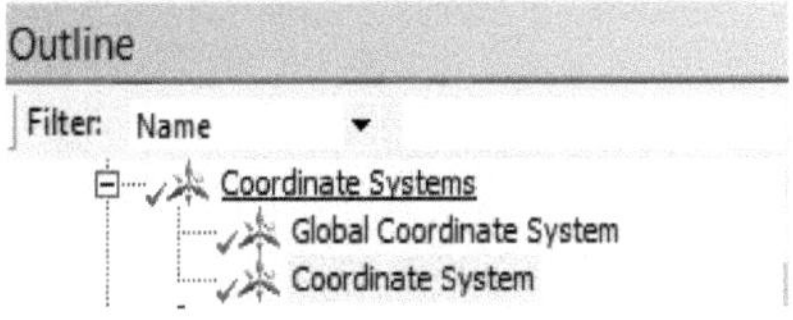

Seleccione as duas arestas na peça mostrada abaixo e aplique o sistema de coordenadas cilíndricas na geometria. As coordenadas cilíndricas serão então visíveis no centro do furo.

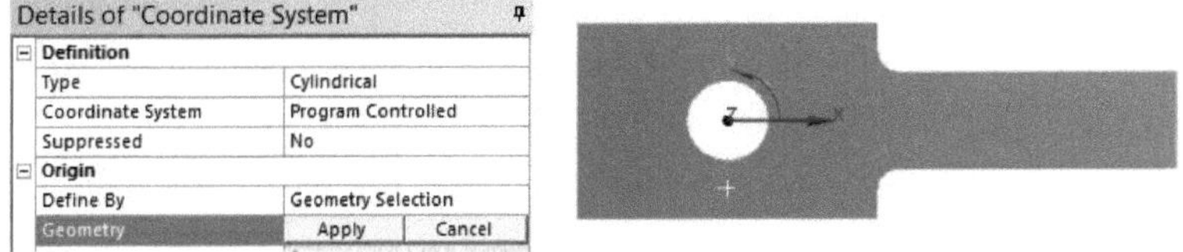

Clique com o botão direito do rato em "Solução", seleccione "Inserir" e escolha "Tensão normal". Aplique as seguintes definições, como indicado abaixo.

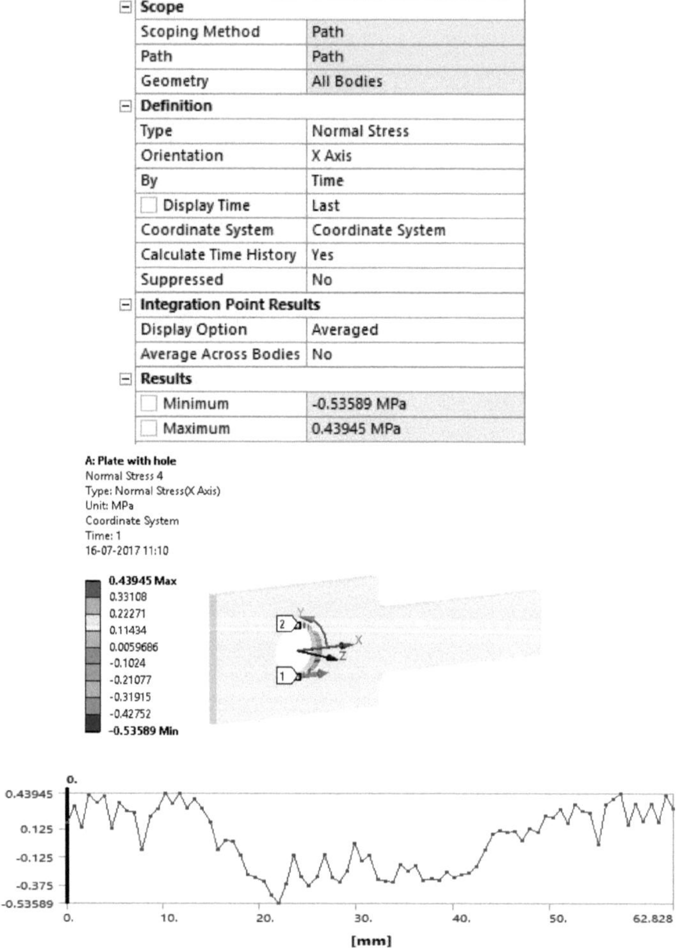

Scope	
Scoping Method	Path
Path	Path
Geometry	All Bodies
Definition	
Type	Normal Stress
Orientation	X Axis
By	Time
Display Time	Last
Coordinate System	Coordinate System
Calculate Time History	Yes
Suppressed	No
Integration Point Results	
Display Option	Averaged
Average Across Bodies	No
Results	
Minimum	-0.53589 MPa
Maximum	0.43945 MPa

Abordagem analítica

Podemos utilizar o Fator de Concentração de Tensões para calcular um valor aproximado para a tensão no furo. Nota: O gráfico abaixo pode ser encontrado em qualquer manual de dados de projeto (Uma placa plana com um furo circular sujeita a carga de tração; fator de concentração de tensões (K_t) vs d/W).

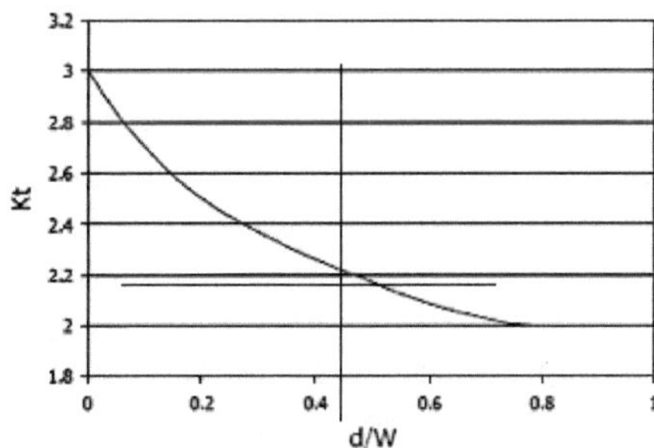

Os resultados da FEA podem ser utilizados para determinar facilmente a tensão máxima (σ_{max}). A determinação da tensão nominal (σ_{nom}) pode ser mais difícil. Vamos calcular a tensão nominal a partir da tensão máxima. A tensão máxima pode ser calculada utilizando a fórmula apresentada abaixo:

$$\sigma_{max}= K_t \times \sigma_{nom}$$

d/W=40mm/100mm=0,4 (a partir do gráfico acima, a 0,4, o K_t é aproximadamente 2,3). Além disso, o fator de concentração de tensões (K_t) pode ser calculado utilizando a fórmula abaixo indicada. (Referência: Roark's formulas for Stress and Strain, 7TH edition)

$$K_t =3,00-3,13(2r/W) +3,66(2r/W)^2 -1,53(2r/W)^3$$

Kt é o fator de concentração de tensões, um fator sem dimensão utilizado para quantificar a forma como as tensões se concentram num determinado material. É definido como o rácio entre a tensão mais elevada (σ_{max}) no elemento e a tensão de referência ou tensão nominal (σ_{nom}). Portanto, pode ser expresso como:

σ_{nom} =P/A× K_t em que A= *t(W-2r)*

σ_{nom}= P/t(W-2r) × K_t

= [30.000/10mm× (100mm-2×20mm)] ×2,3

σ_{nom} = 115MPa

Ondeσ_{max} = Tensão máxima,σ_{nom} = Tensão normal ou nominal, t= Espessura da placa (10mm), d= Diâmetro do furo (40 mm), W= Largura da placa (100 mm), P= Força (30000N)

Tipo de resultado.	Resultados obtidos com a abordagem FEA	Resultados obtidos com a abordagem analítica	Erro percentual
Tensão Normal /Nominal, MPa	116.71	115	1.48%

Lâmina plana sujeita a carga de tração e de corte

Para uma dada lâmina plana mostrada abaixo na figura, determine a tensão principal e a tensão de cisalhamento máxima.

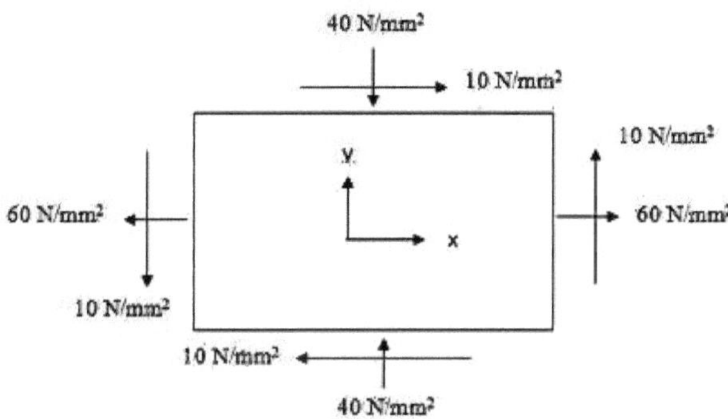

Software de lançamento

Arraste Static Structural para o esquema do projeto e abra o DesignModeler. Desenhe uma lâmina (corpo de superfície) com lados de 50 mm e atribua uma espessura zero, como mostrado abaixo na Fig.

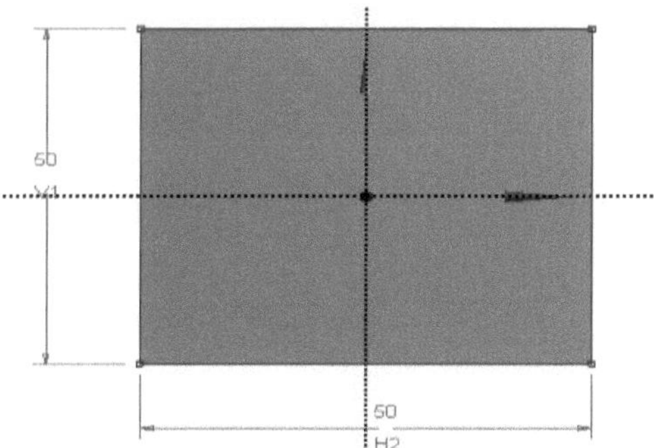

Regresse à janela principal e abra a janela Mecânica. No esquema em árvore, expanda a geometria e seleccione o corpo da superfície. Nos detalhes do corpo da superfície, pode ver que o material predefinido selecionado é o aço estrutural na atribuição de materiais.

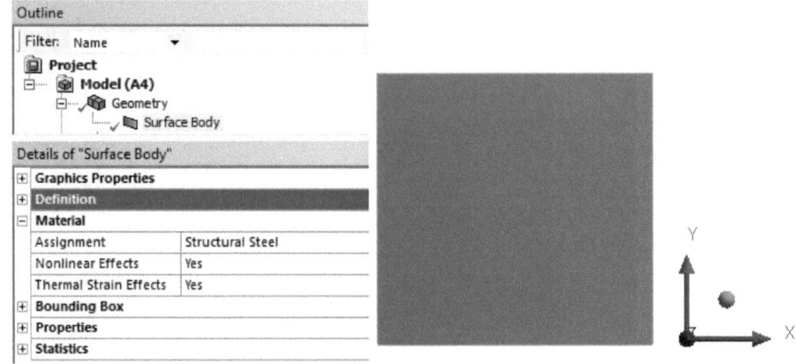

Malha: Selecionar 'Mesh' (Malha) na árvore de contornos e ajustar os tamanhos mínimo e máximo dos elementos da face, conforme ilustrado na Fig.

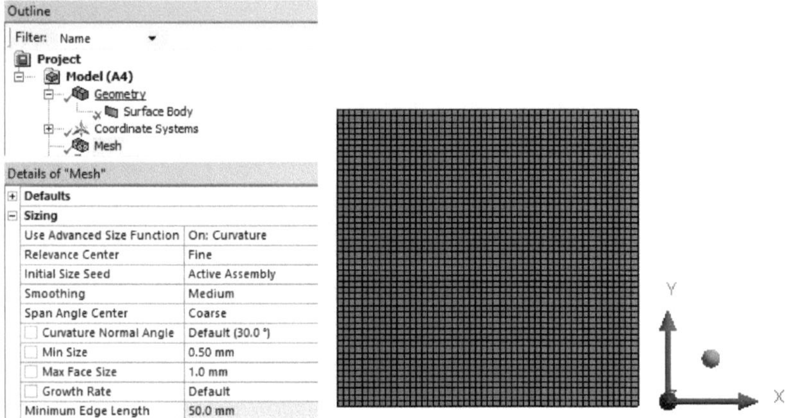

Condições de fronteira: Aplicar as seguintes condições de fronteira, conforme ilustrado na Fig.

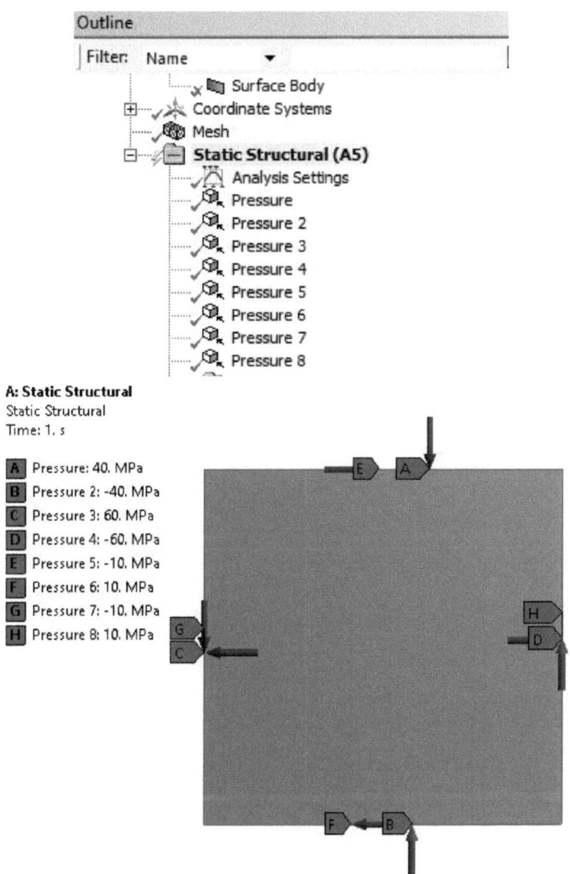

Clique com o botão direito do rato em "Solução" e seleccione as seguintes informações sobre a solução, como indicado abaixo.

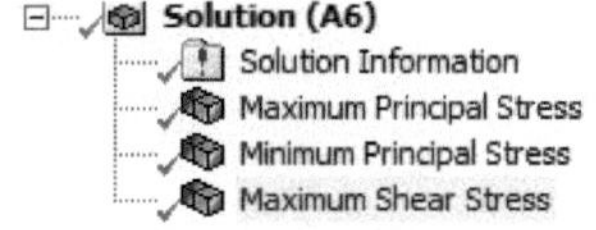

Pode-se observar a forma deformada da lâmina tensionada mostrada abaixo Figuras (a), (b), e (c) para a Tensão Principal Máxima (P_1), Tensão Principal Mínima (P_2), e Tensão de Cisalhamento Máxima (q_{max}) respetivamente.

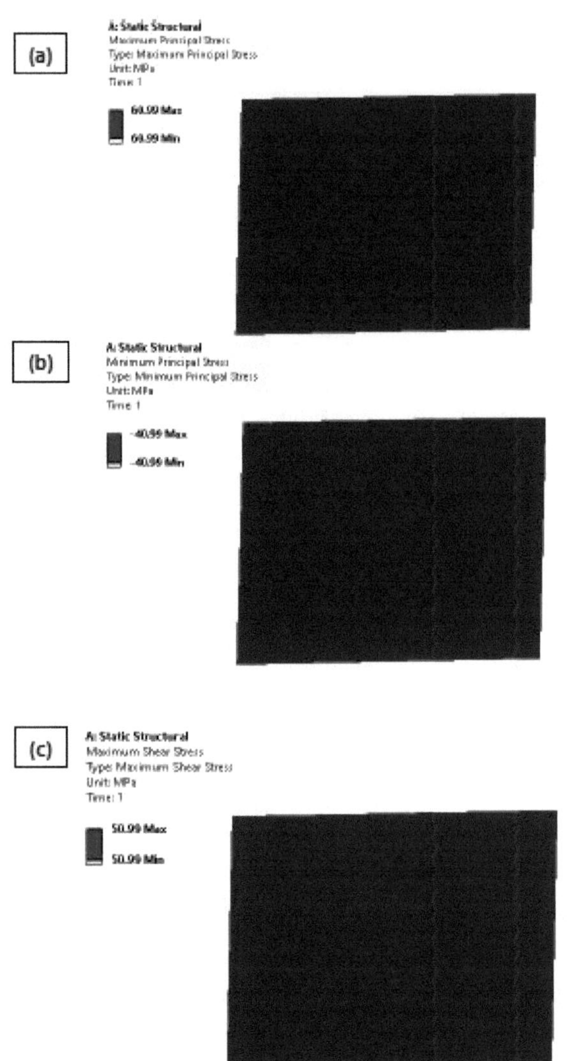

Abordagem analítica

Temos, (P_x) tensão que actua no plano y e na direção x, do mesmo modo (P_y) tensão que actua no plano x e na direção y negativa, e $(q_x$ e $q_y = q)$ tensão de corte nos planos x e y cuja magnitude é 60, -40 e 10 N/mm² respetivamente.

$P_1 = (Px + Py / 2) + \sqrt{[\{(Px - Py\}/2)^2 + q]^2}$

$P_1 = (60-40/2) + \sqrt{[\{(60- (-40)\}/2)^2 + 10]^2}$

$P_1 = 60,99 \ N/mm^2$ (tração)

$P_2 = (Px + Py / 2) - \sqrt{} \ \{(Px - Py/\}2)^2 + q^2$

$P_2 = (60+40/2) - \sqrt{} \ \{(60- (- 40)\}/2)^2 + 10^2$

$P_2 = -40,99 \ N/mm^2$ (Compressão)

$q_{max} = \sqrt{} \ [(Px - Py/2)^2 + q \ ]^2$

$\quad = 50,99 \ N/mm^2$

Tipo de resultado.	Resultados obtidos com a abordagem FEA	Resultados obtidos com a abordagem analítica	Erro percentual
Tensão principal (P_1), Mpa	60.99	60.99	0%
Tensão principal (P_2), Mpa	-40.99	-40.99	0%
Tensão de cisalhamento máxima (q_{max}) Mpa	50.99	50.99	0%

Cilindros espessos-2D

Um cilindro espesso com um raio interior de 150 mm e um raio exterior de 210 mm está sujeito a uma pressão interna de 50 MPa. Determine a tensão de arco e a tensão radial ao longo da espessura do cilindro. Se E = 200 GPa, qual é a deformação circunstancial do cilindro na superfície exterior? Dado v = 0,3. Indique a distribuição das tensões σ_c e σr ao longo da espessura (R_2 - R_1) do cilindro.

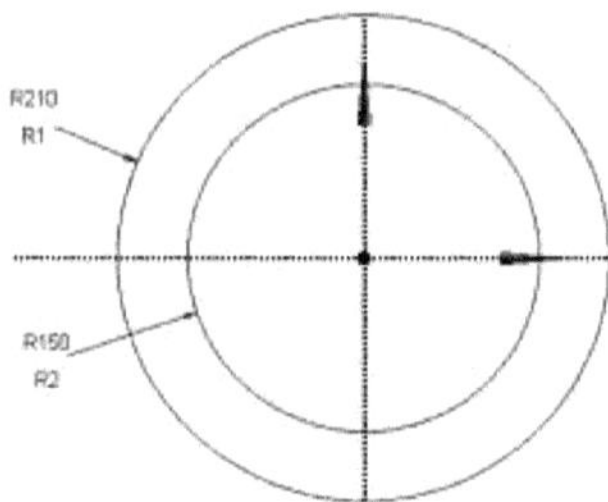

Software de lançamento

Arraste o módulo Static Structural para o esquema do projeto e, em seguida, faça duplo clique na parte inferior e altere o nome para Thick Cylinder (Cilindro espesso), como se mostra abaixo.

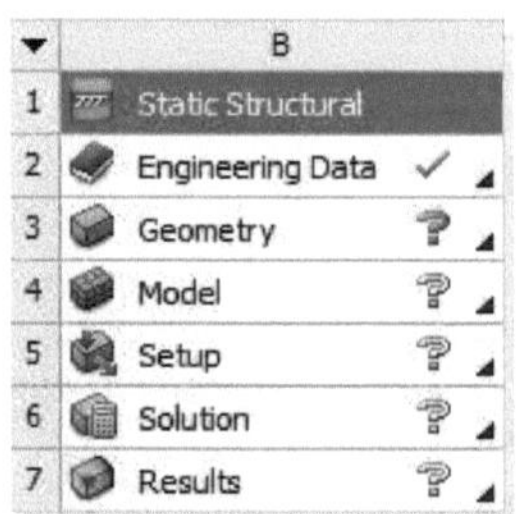

Thick Cylinder

Por defeito, o material atribuído ao modelo em causa é o aço estrutural. Seleccione a geometria, clique com o botão direito do rato e escolha 'Propriedades'. Nas opções de Geometria Avançada, altere '3D' para '2D', como mostra a figura abaixo

Faça duplo clique sobre a Geometria ou clique com o botão direito do rato e seleccione "Nova Geometria". Aguarde que a janela Design Modeler se abra. Agora, desenhe o esboço como mostra a figura abaixo.

Altere a unidade para milímetros (mm). Seleccione o plano XY e torne-o normal. Desenhe o esboço de acordo com as dimensões mostradas na figura abaixo.

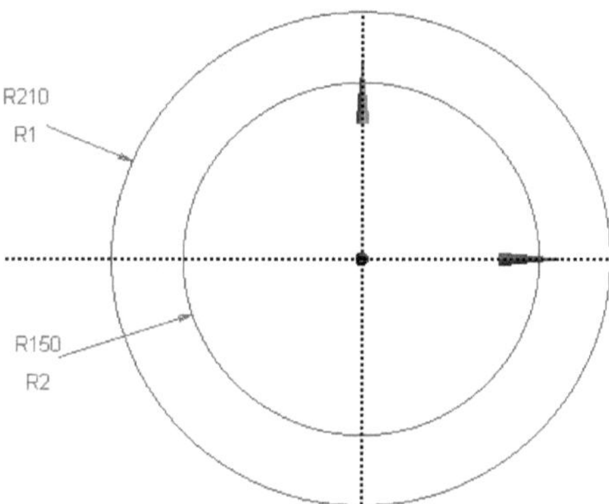

Navegue até ao separador "Concept" (Conceito) e seleccione "Surfaces from Sketches" (Superfícies a partir de esboços). Converta o esboço numa superfície, conforme demonstrado na figura abaixo.

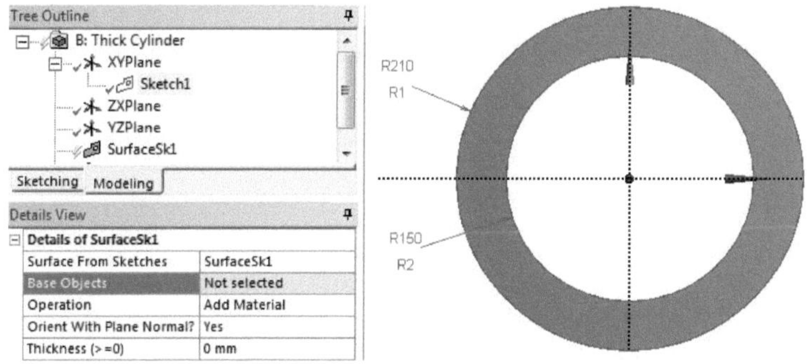

Clique com o botão direito do rato no modelo e seleccione a opção "Editar". Aguarde que a janela Mecânica se abra.

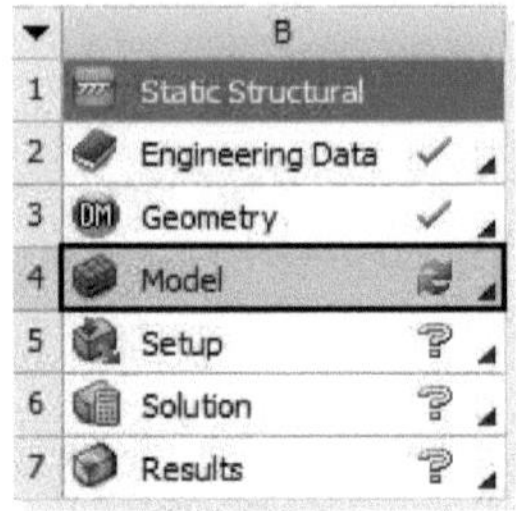

Thick Cylinder

Na janela Mecânica, seleccione a geometria e altere o Comportamento 2D para Deformação simples, como mostra a figura abaixo. Em seguida, clique com o botão direito do rato para selecionar "Static Structural", depois vá a "Insert" e escolha "Pressure". Aplique uma pressão de 50 MPa no interior da geometria, conforme ilustrado na figura abaixo.

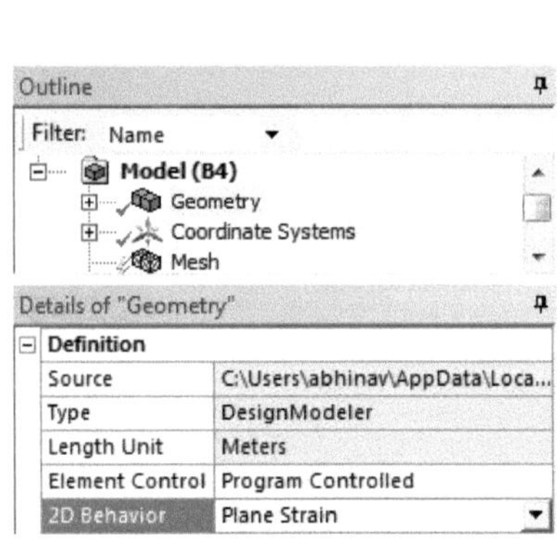

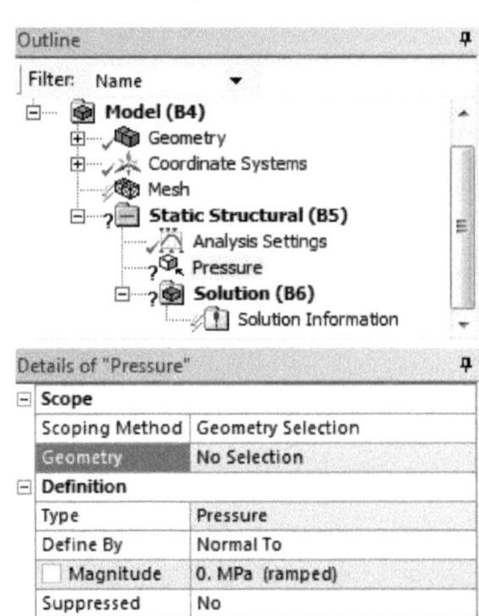

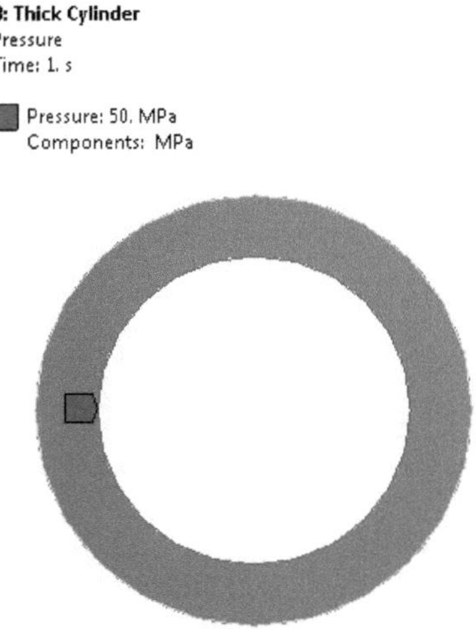

Aceda a Mesh e altere o tamanho máximo da face para 8 mm e defina o Centro de Relevância para "Fine". Clique com o botão direito do rato na malha e seleccione "Generate Mesh". Como pode ver, a malha está atualmente não estruturada. Agora, vamos convertê-la numa malha estruturada.

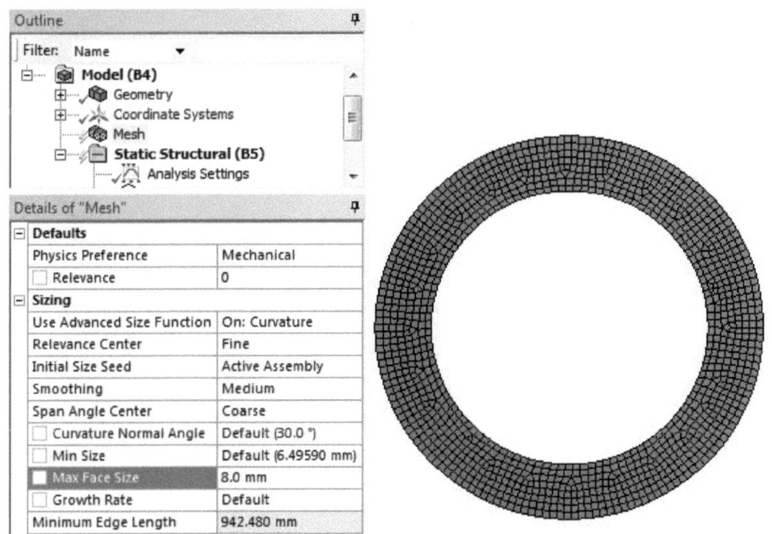

Para converter a malha de não estruturada para estruturada, clique com o botão direito do rato na malha e seleccione "Insert Mapped Face Meshing". Escolha a face do modelo e gere a malha como mostrado na figura abaixo. Agora, a malha resultante é estruturada. No entanto, para uma maior precisão, a malha pode ser mais refinada.

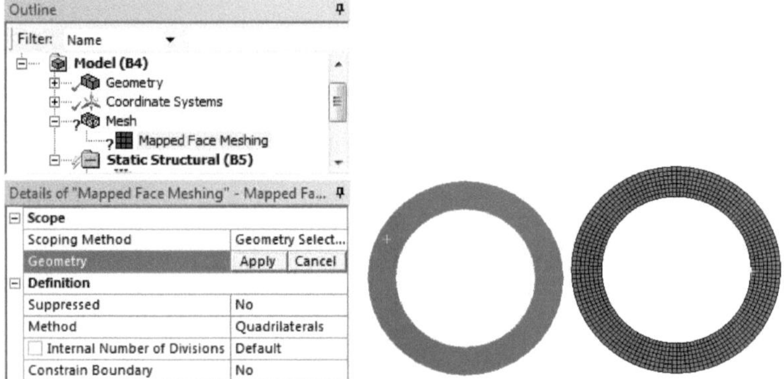

Clique com o botão direito do rato na malha e seleccione "Inserir Refinamento". Aplique as seguintes definições à face do modelo. Finalmente, a malha assemelhar-se-á à figura apresentada abaixo.

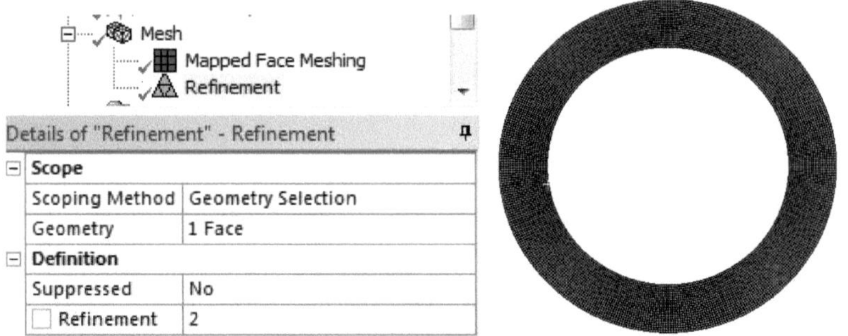

Clique com o botão direito do rato em Solução e seleccione "Inserir". Escolha "Tensão máxima principal" e seleccione a borda interior do cilindro. Resolva a análise. Da mesma forma, repita o passo para a borda externa do cilindro.

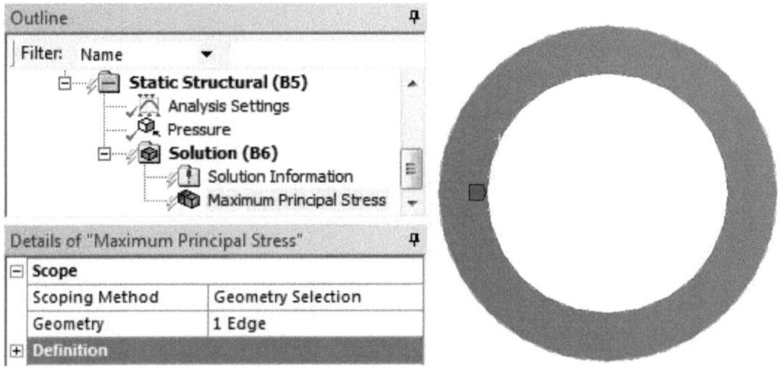

A figura abaixo mostra a magnitude da tensão interna do anel e da tensão externa do anel, também conhecida como tensão principal máxima. A tensão de arco é também designada por tensão circunferencial.

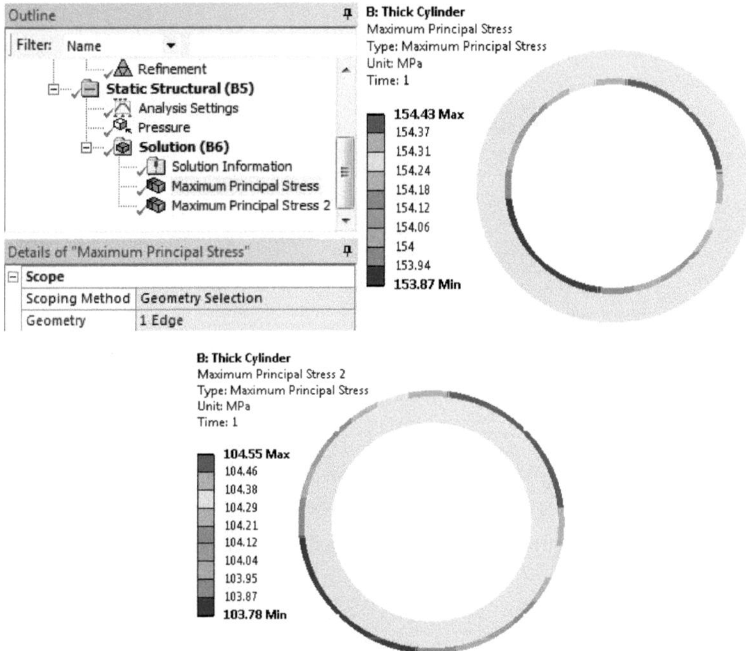

Para determinar a tensão radial, crie um sistema de coordenadas cilíndrico como o representado na figura abaixo.

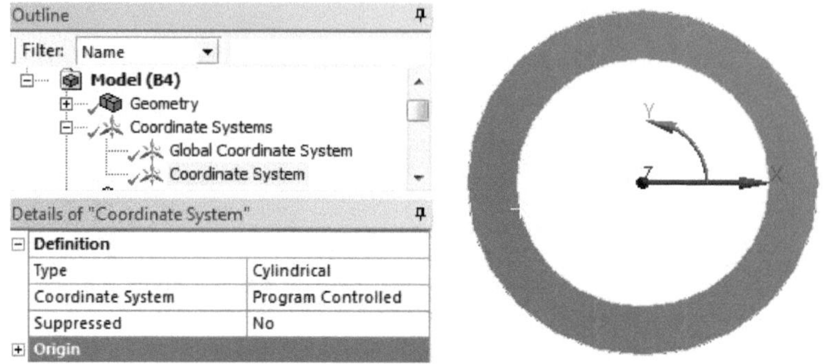

Clique com o botão direito do rato em Solution, insira, vá para Stress e seleccione Normal Stress. Altere o sistema de coordenadas para o sistema de coordenadas cilíndrico e, em seguida, seleccione a extremidade interior do cilindro. Clique com o botão direito do rato e seleccione "Avaliar todos os resultados".

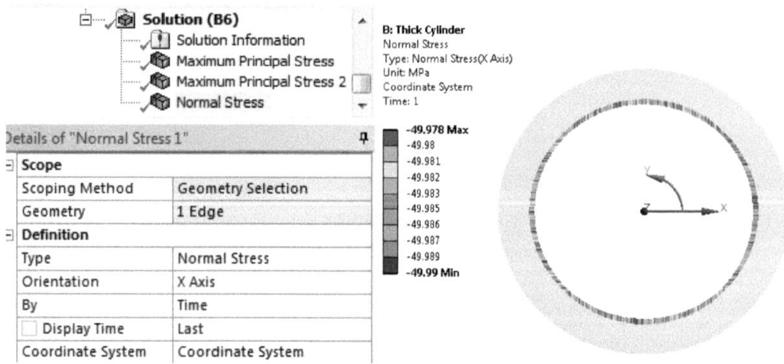

Repita o passo anterior, mas desta vez seleccione a borda exterior do cilindro. Certifique-se de que também alterou o sistema de coordenadas para coordenadas cilíndricas.

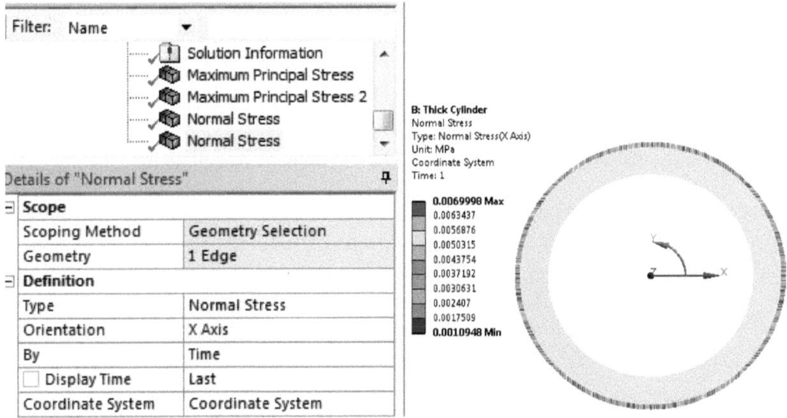

É importante notar que a tensão normal obtida no sistema de coordenadas cilíndrico corresponde à tensão radial, uma vez que houve uma mudança no sistema de coordenadas de Global para Cilíndrico. Da mesma forma, a deformação elástica principal máxima é determinada na borda externa do cilindro, como mostra a figura abaixo.

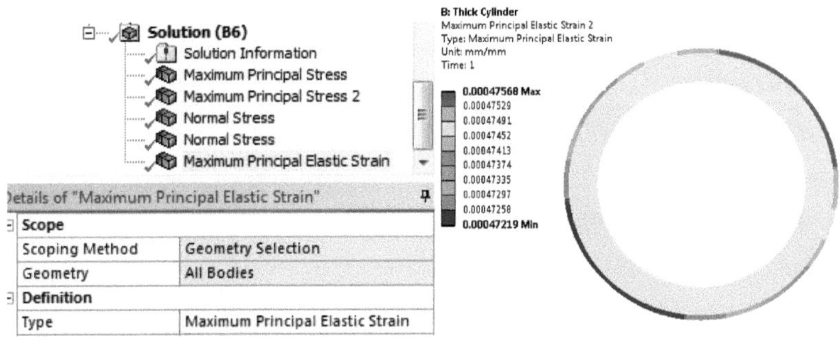

Abordagem analítica

Raio interno,R_1 = 150 mm
Raio exterior,R_2 = 210 mm
Pressão interna p = 50 MPa
A tensão circunferencial ou tensão de arco é dada pela seguinte expressão.

A figura abaixo ilustra a variação das tensões radiais e circunferenciais.

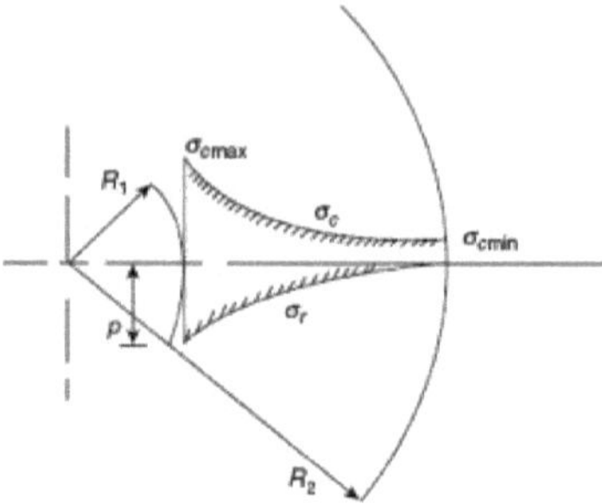

Constantes de Lame

Tensão radial

A r=150 mm,

Utilizando as constantes de Lame, podemos determinar a tensão radial em qualquer local. Por exemplo,

r=180mm

R=210mm 0

Tensão do arco

Para r =150 mm, (dado)

Utilizando as constantes de Lame, podemos determinar a tensão de arco em qualquer local. Por exemplo,

A r= 180 mm,

r=210 mm,

Tensão axial

A figura abaixo ilustra a distribuição da (tensão circunferencial) e da (tensão radial) ao longo da espessura (R -R$_{21}$) de um cilindro.

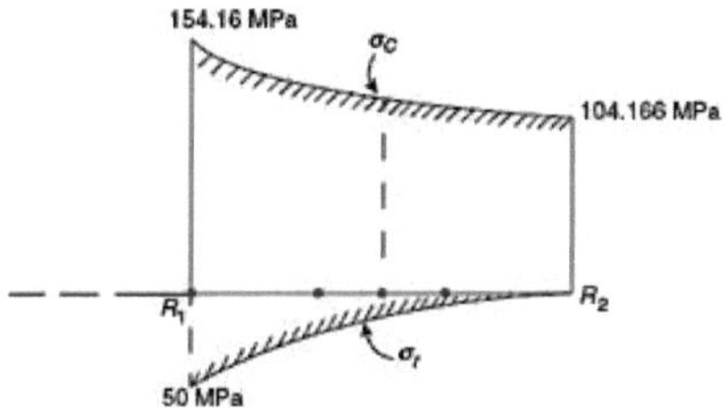

 Na superfície exterior do cilindro, existem apenas duas tensões principais, nomeadamente e , e a tensão radial é nula. Por conseguinte, a deformação circunferencial na superfície exterior do cilindro seria significativa.

Tipo de resultado.	Resultados obtidos com a abordagem FEA	Resultados obtidos com a	Erro percentual

		abordagem analítica	
Tensão de arco, MPa σ_{cmax} ₐ 150 mm σ_{cmin} ₐ 210 mm	154.43 104.55	154.16 104.16	Negligenciável
Tensão radial, Mpa σ_{cmax} ₐ 150 mm σ_{cmin} ₐ 210 mm	-49,99 (o sinal -ve indica compressão) 0	50 (compressão) 0	Negligenciável

Exercício 8

Treliça sujeita a carga axial

Um elemento de treliça está sujeito a cargas de tração e compressão, como se mostra na figura abaixo. Os valores das coordenadas dos pontos estão listados na Tabela ;

(i) Determinação das reacções externas.

(ii) Determinação das forças internas em cada um dos elementos (tração ou compressão).

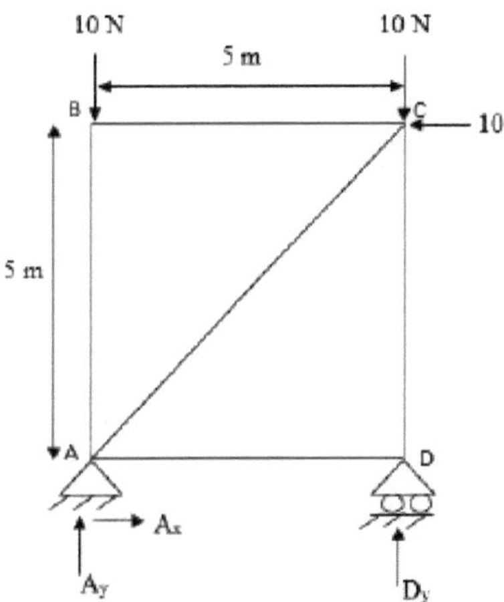

Points	X (m)	Y (m)
A	0	0
B	0	5
C	5	5
D	5	0

Table

Software de lançamento

Arraste o módulo Static Structural para o esquema do projeto, faça duplo clique e renomeie-o como Truss (Treliça), como mostrado na Fig.

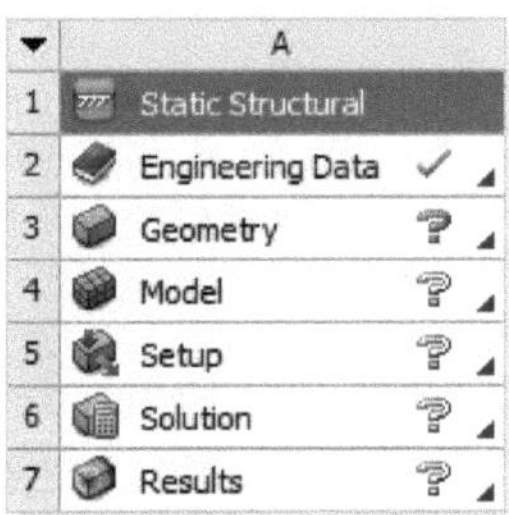

Truss

Para marcar os quatro pontos de acordo com as dimensões indicadas na figura, utilize o comando "point".

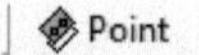

Mude o modo de Definição para Entrada manual a partir da vista de pormenores. Por exemplo, para o ponto 1, consulte os pormenores apresentados na figura.

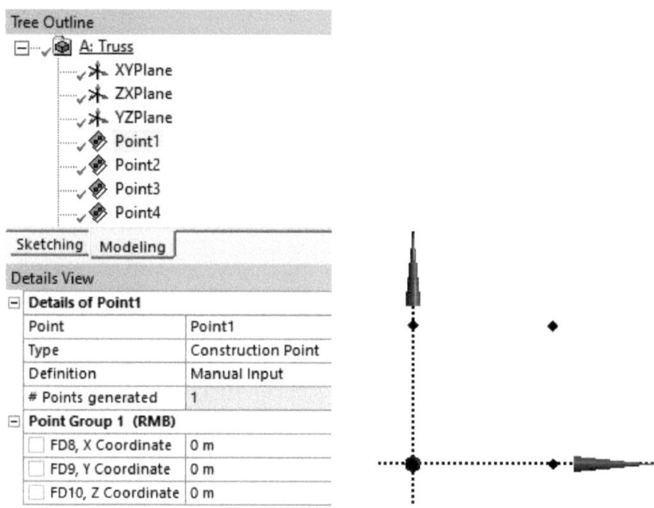

Navegue até ao menu de conceitos e escolha "Linhas a partir de pontos". Ligue os dois pontos um a um com linhas. Na janela de visualização de detalhes, altere a operação para "Adicionar congelado". Repita estes passos para ligar todos os pontos. A figura abaixo ilustra os pontos ligados com linhas.

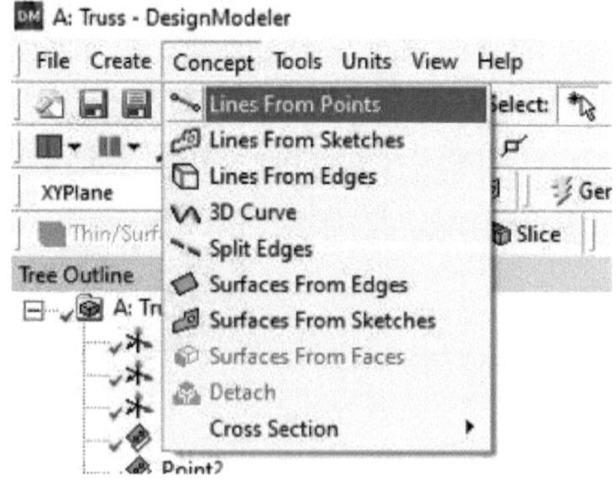

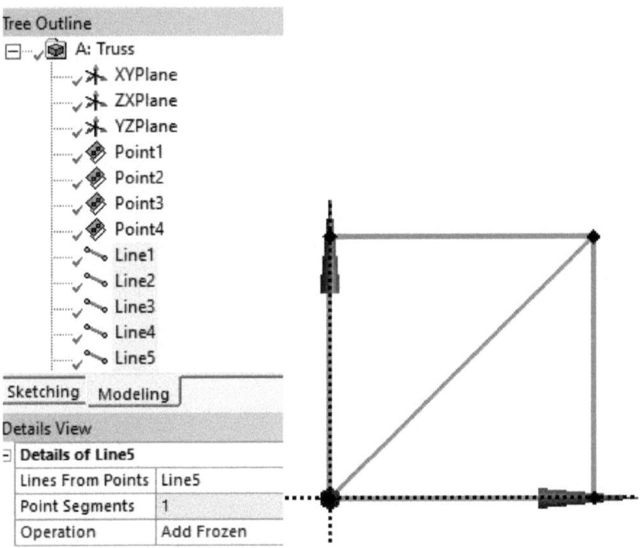

Navegue até Conceito e, em seguida, na opção de secção transversal, seleccione "Secção circular sólida". Atribua um raio de 0,01 m, como mostra a figura.

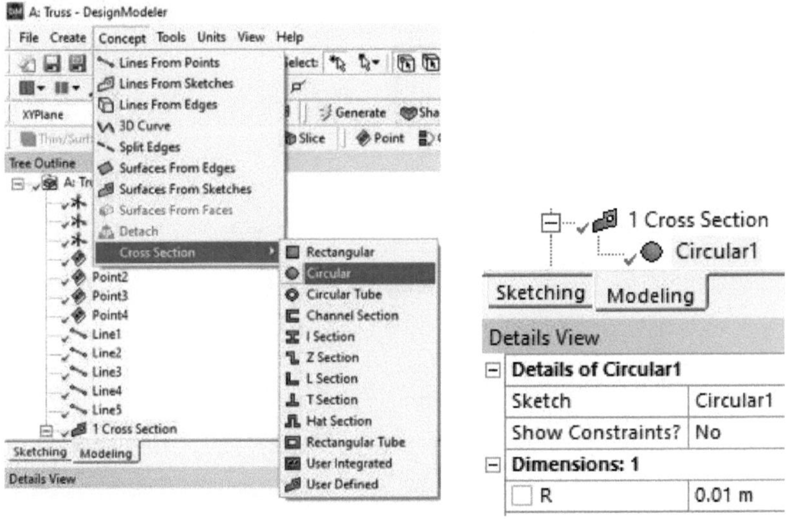

Seleccione todas as linhas e atribua a secção transversal como "Circular 1" na vista de detalhes. Além disso, seleccione todas as linhas e, em seguida, clique com o botão direito do rato e escolha o comando "Formar nova peça", como ilustrado na figura. Todos os corpos de linha podem ser tratados como uma peça.

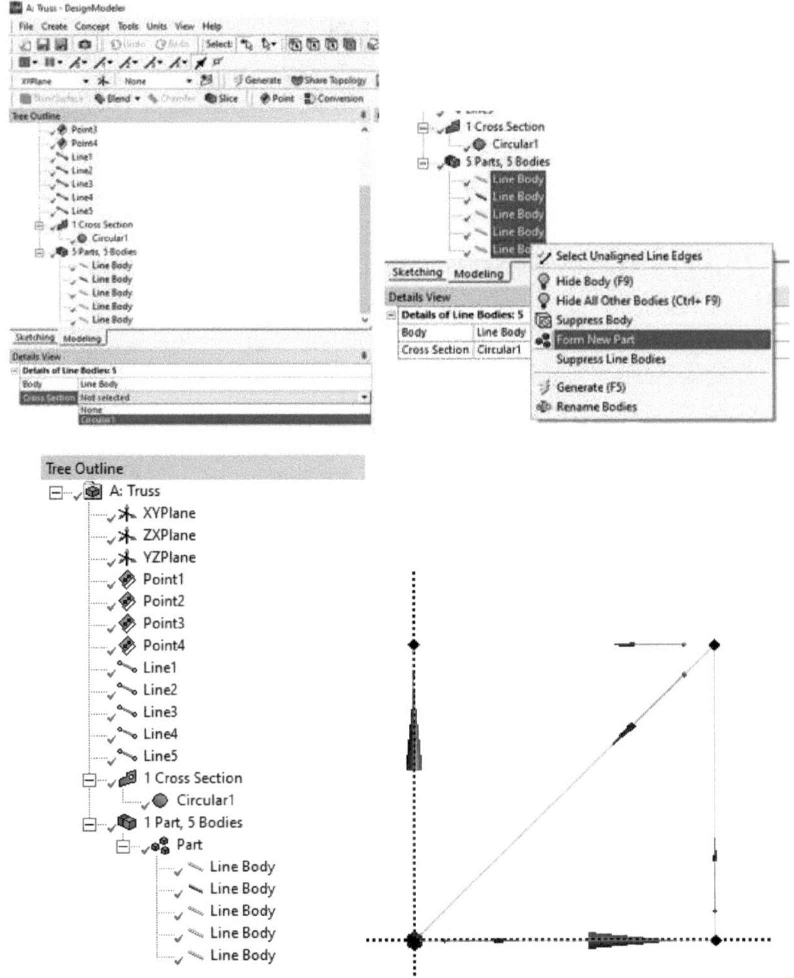

Regresse ao esquema do projeto e abra a janela Mecânica. Clique com o botão direito do rato em Static Structural e seleccione "Fixed Support". Escolha o vértice e aplique o mesmo nos detalhes do suporte fixo, como demonstrado na Fig.

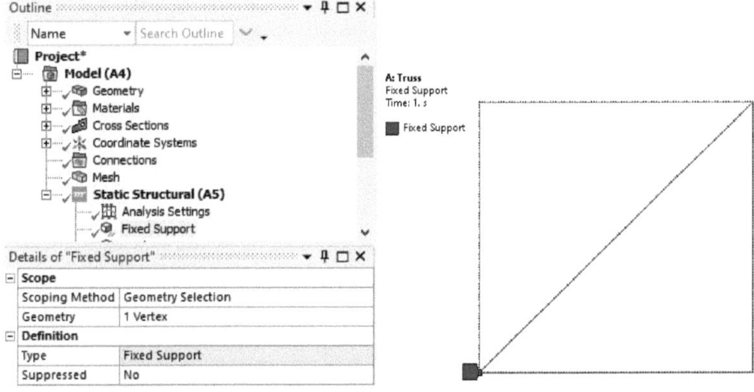

Aplicar as outras condições de fronteira de forma semelhante, tal como se mostra nas figuras que representam todas as condições de fronteira juntamente com as suas magnitudes.

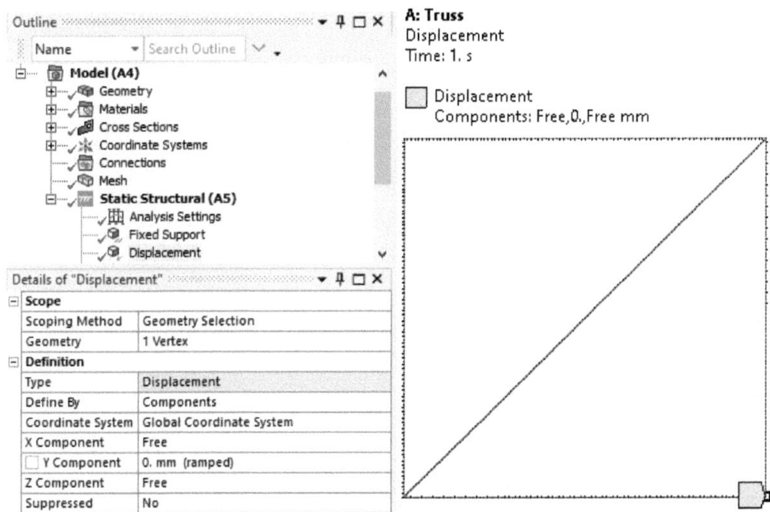

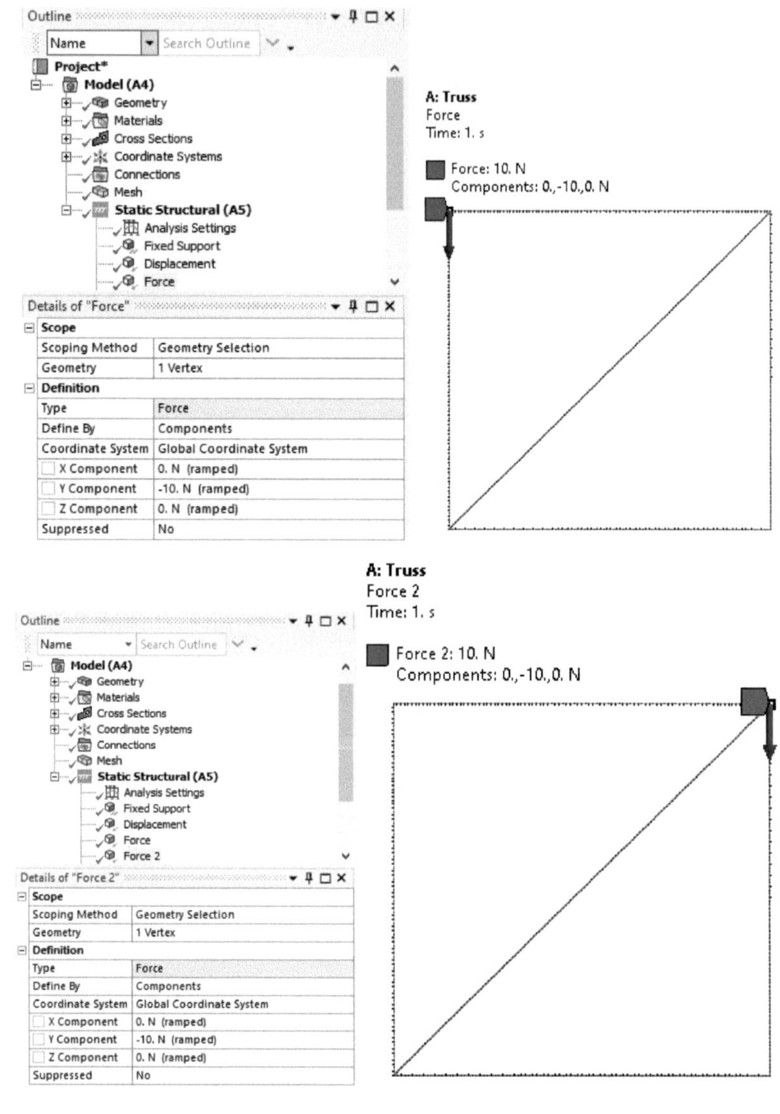
Outline
Name | Search Outline
Project*
Model (A4)
Geometry
Materials
Cross Sections
Coordinate Systems
Connections
Mesh
Static Structural (A5)
Analysis Settings
Fixed Support
Displacement
Force

Details of "Force"
Scope
Scoping Method | Geometry Selection
Geometry | 1 Vertex
Definition
Type | Force
Define By | Components
Coordinate System | Global Coordinate System
X Component | 0. N (ramped)
Y Component | -10. N (ramped)
Z Component | 0. N (ramped)
Suppressed | No

A: Truss
Force
Time: 1. s

Force: 10. N
Components: 0.,-10.,0. N
Outline
Name | Search Outline
Model (A4)
Geometry
Materials
Cross Sections
Coordinate Systems
Connections
Mesh
Static Structural (A5)
Analysis Settings
Fixed Support
Displacement
Force
Force 2

Details of "Force 2"
Scope
Scoping Method | Geometry Selection
Geometry | 1 Vertex
Definition
Type | Force
Define By | Components
Coordinate System | Global Coordinate System
X Component | 0. N (ramped)
Y Component | -10. N (ramped)
Z Component | 0. N (ramped)
Suppressed | No

A: Truss
Force 2
Time: 1. s

Force 2: 10. N
Components: 0.,-10.,0. N

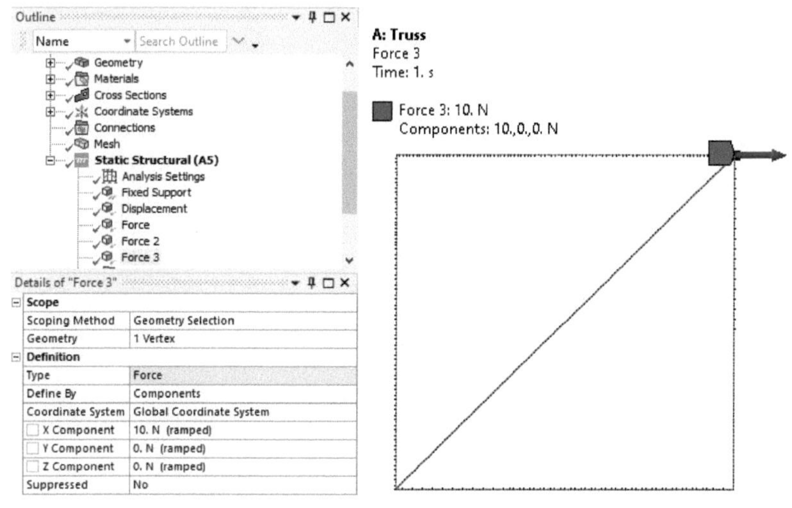

Outline
Name   Search Outline
Geometry
Materials
Cross Sections
Coordinate Systems
Connections
Mesh
Static Structural (A5)
Analysis Settings
Fixed Support
Displacement
Force
Force 2
Force 3

Details of "Force 3"
Scope
Scoping Method   Geometry Selection
Geometry   1 Vertex
Definition
Type   Force
Define By   Components
Coordinate System Global Coordinate System
X Component   10. N (ramped)
Y Component   0. N (ramped)
Z Component   0. N (ramped)
Suppressed   No

A: Truss
Force 3
Time: 1. s

Force 3: 10. N
Components: 10.,0.,0. N

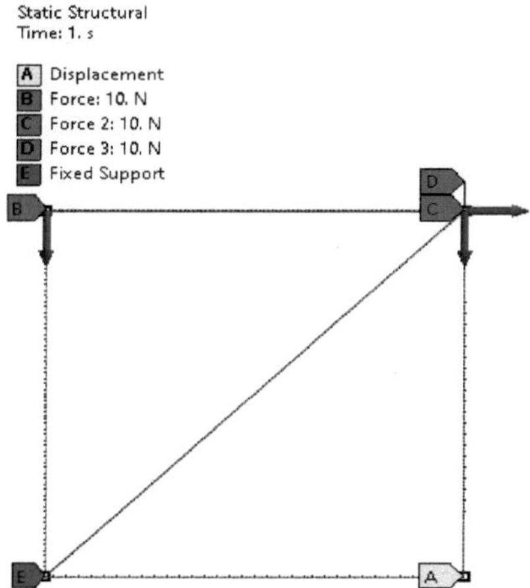

A: Truss
Static Structural
Time: 1. s

A Displacement
B Force: 10. N
C Force 2: 10. N
D Force 3: 10. N
E Fixed Support

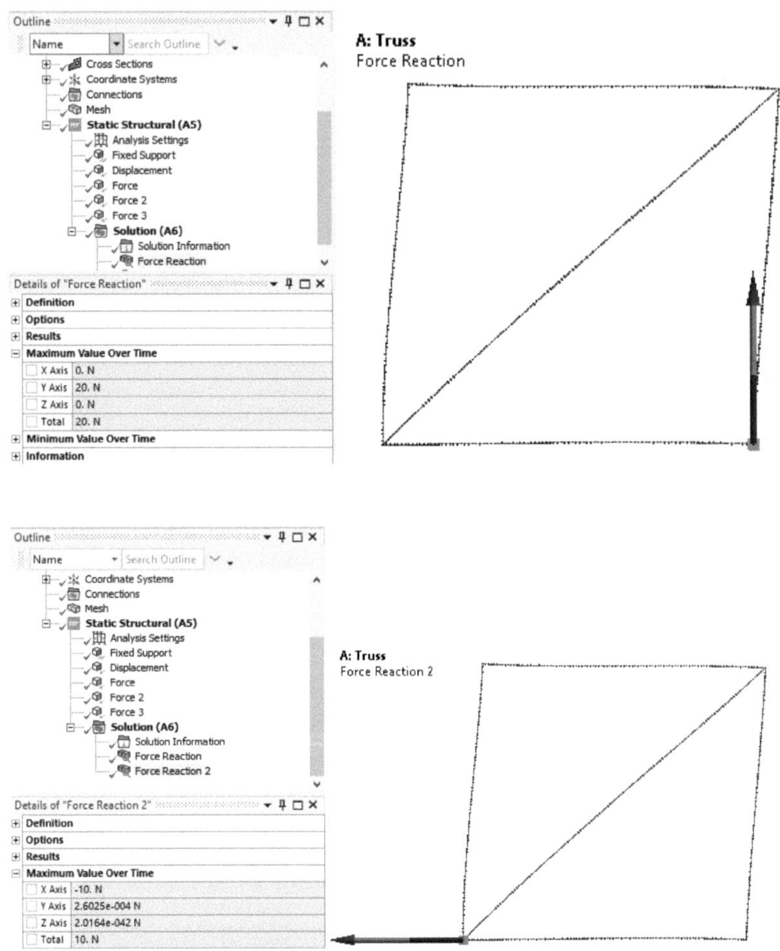

Clique com o botão direito do rato em Solution e seleccione Insert > Beam Results > Axial Force. Renomeie-o como Força axial-AC. Utilize a ferramenta de seleção de arestas para selecionar a aresta da treliça, conforme ilustrado na Fig.

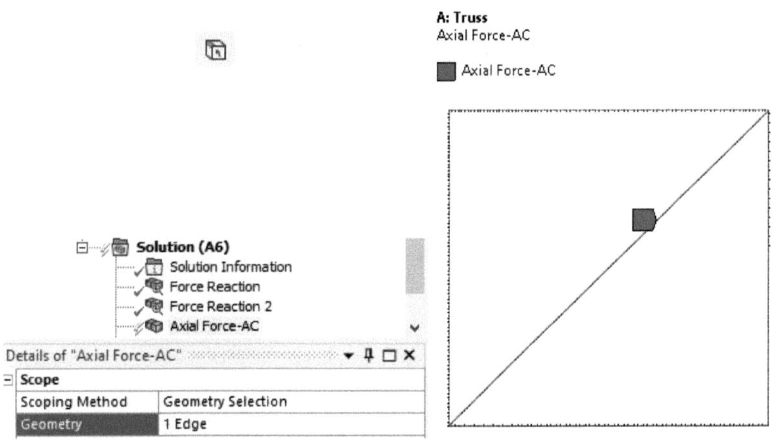
A: Truss
Axial Force-AC

Axial Force-AC

Solution (A6)
Solution Information
Force Reaction
Force Reaction 2
Axial Force-AC

Details of "Axial Force-AC"
Scope
Scoping Method   Geometry Selection
Geometry   1 Edge

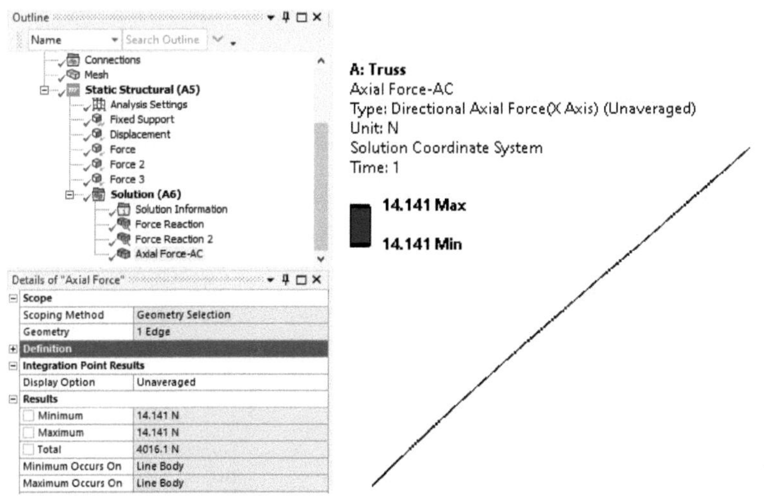
Outline
Name   Search Outline

Connections
Mesh
Static Structural (A5)
Analysis Settings
Fixed Support
Displacement
Force
Force 2
Force 3
Solution (A6)
Solution Information
Force Reaction
Force Reaction 2
Axial Force-AC

Details of "Axial Force"
Scope
Scoping Method   Geometry Selection
Geometry   1 Edge
Definition
Integration Point Results
Display Option   Unaveraged
Results
Minimum   14.141 N
Maximum   14.141 N
Total   4016.1 N
Minimum Occurs On   Line Body
Maximum Occurs On   Line Body

A: Truss
Axial Force-AC
Type: Directional Axial Force(X Axis) (Unaveraged)
Unit: N
Solution Coordinate System
Time: 1

14.141 Max
14.141 Min

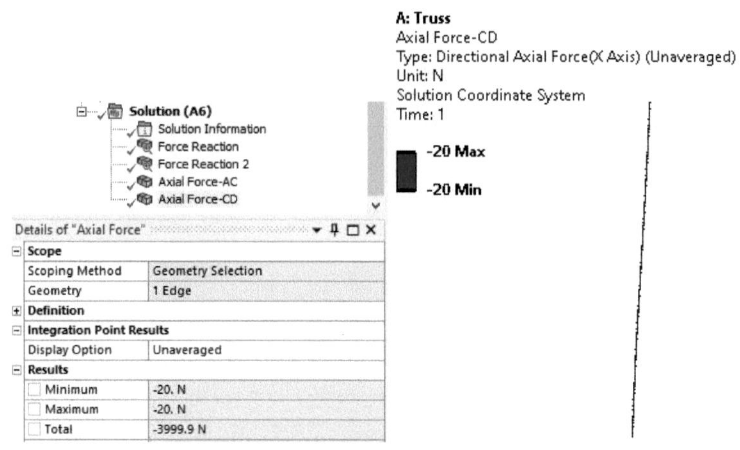
Solution (A6)
Solution Information
Force Reaction
Force Reaction 2
Axial Force-AC
Axial Force-CD
Details of "Axial Force"
Scope
Scoping Method | Geometry Selection
Geometry | 1 Edge
Definition
Integration Point Results
Display Option | Unaveraged
Results
Minimum | -20. N
Maximum | -20. N
Total | -3999.9 N
A: Truss
Axial Force-CD
Type: Directional Axial Force(X Axis) (Unaveraged)
Unit: N
Solution Coordinate System
Time: 1
-20 Max
-20 Min

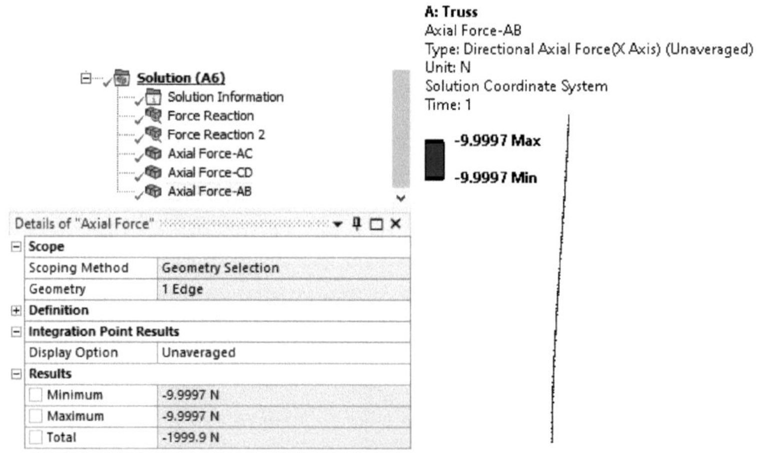
Solution (A6)
Solution Information
Force Reaction
Force Reaction 2
Axial Force-AC
Axial Force-CD
Axial Force-AB
Details of "Axial Force"
Scope
Scoping Method | Geometry Selection
Geometry | 1 Edge
Definition
Integration Point Results
Display Option | Unaveraged
Results
Minimum | -9.9997 N
Maximum | -9.9997 N
Total | -1999.9 N
A: Truss
Axial Force-AB
Type: Directional Axial Force(X Axis) (Unaveraged)
Unit: N
Solution Coordinate System
Time: 1
-9.9997 Max
-9.9997 Min

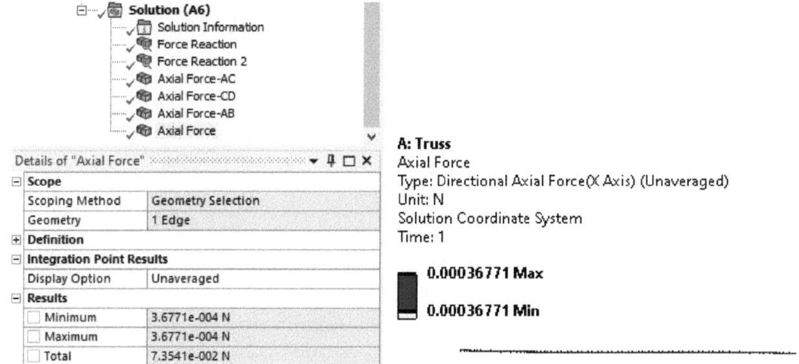

Abordagem analítica

Aplicar as equações de equilíbrio estático em cada junta.

Conjunto A:

(i)   Reacções externas:

$\sum = 0 \Rightarrow A_x + 10 = 0 \Rightarrow A_x = -10N$

$\sum = 0 \Rightarrow A + D_{yy} - 10 - 10 = 0 \Rightarrow Ay = 0$

$\sum = 0 \Rightarrow$

(ii)   Forças internas:

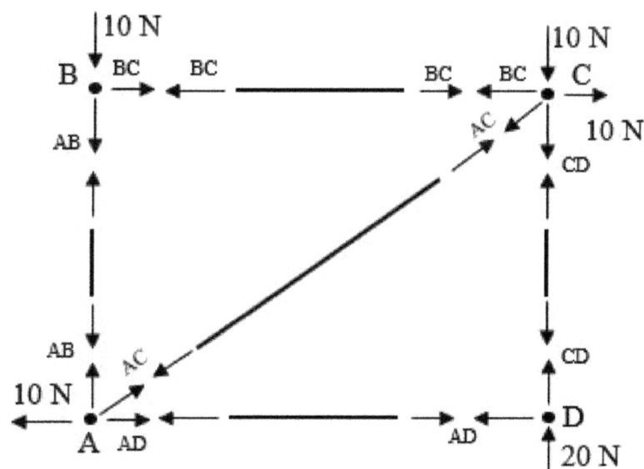

Conjunto B:

Conjunto C:

(T)

(C)

Conjunto D:

Tipo de resultado.	Resultados obtidos com a abordagem FEA	Resultados obtidos com a abordagem analítica	Erro percentual
Força de reação	(R_A)= -10N (R_D)= 20N	(A_x)= -10 N (D_Y)= 20 N	0
Forças internas	AB=-9,99 N	N	Negligenciável
	CD=-20 N	-20 N	0
	AC=14,141 N		0

Tensão de cisalhamento em uma placa rebitada

Projetar e determinar a tensão de corte máxima na placa rebitada apresentada na figura.

Software de lançamento

Inicie o Workbench. Arraste e largue "Static Structural" da caixa de ferramentas para o esquema de projeto apresentado abaixo. Clique com o botão direito do rato e seleccione "Renomear" para lhe dar o nome de "Conceção e Análise de Rebites".

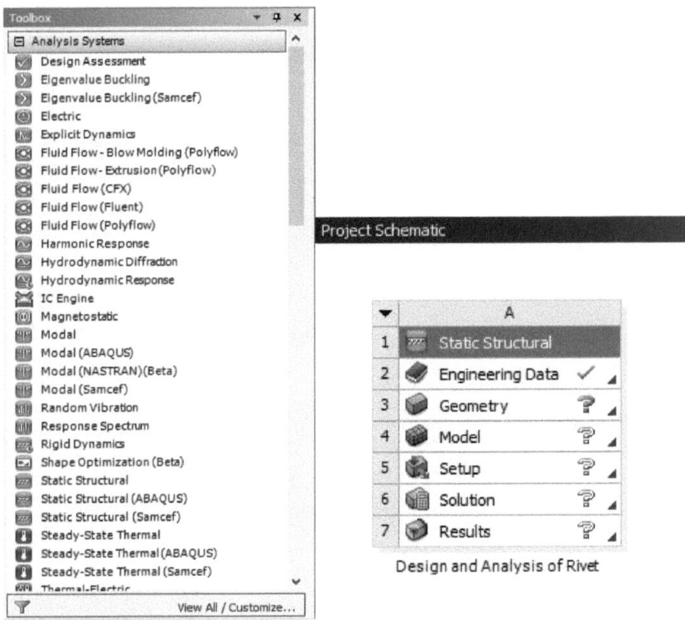

Design and Analysis of Rivet

Faça duplo clique em "Dados de engenharia" para definir as propriedades do material. Em seguida, faça duplo clique em "Material geral". Clique no sinal de mais amarelo para definir qualquer material à sua escolha a partir da biblioteca. No entanto, para o presente estudo, utilizaremos o aço como material predefinido. Regresse ao esquema do projeto clicando em "Project" (Projeto), como se mostra abaixo.

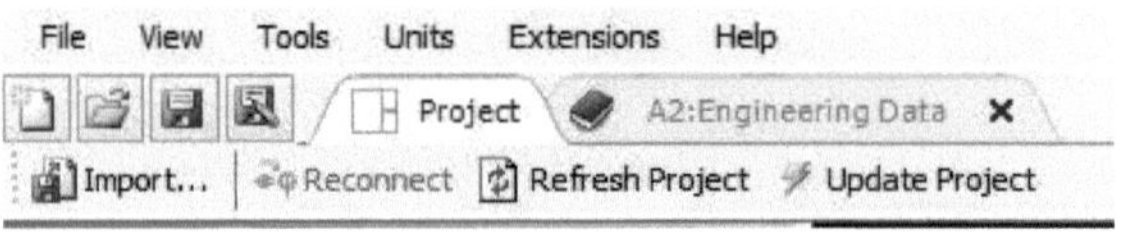

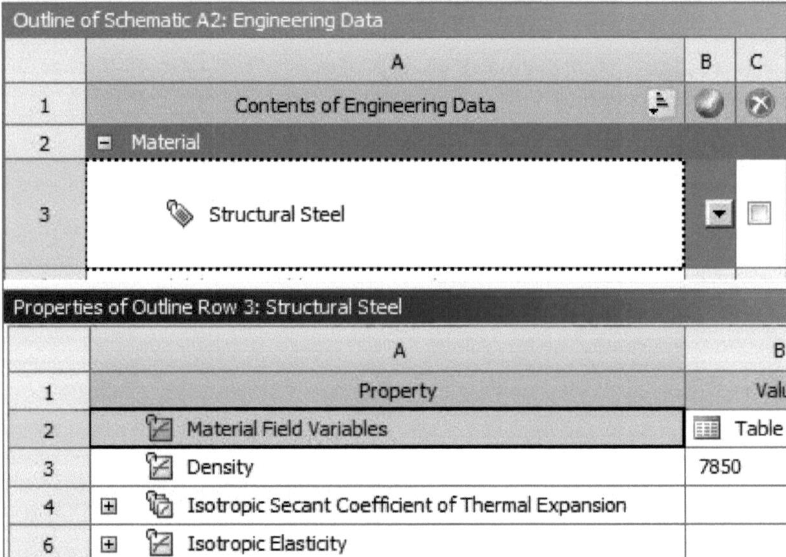

Faça duplo clique em "Geometry". Abre-se a janela Design Modeler. Altere a unidade para milímetros.

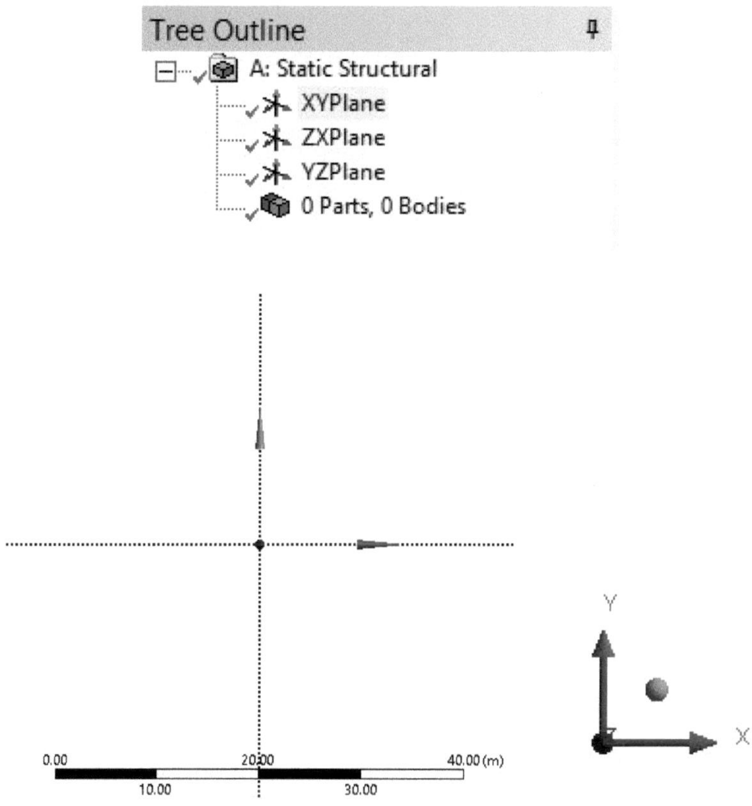

Seleccione o plano X-Y e, em seguida, clique com o botão direito do rato e escolha "Look at". Faça um esboço de acordo com as dimensões indicadas abaixo.

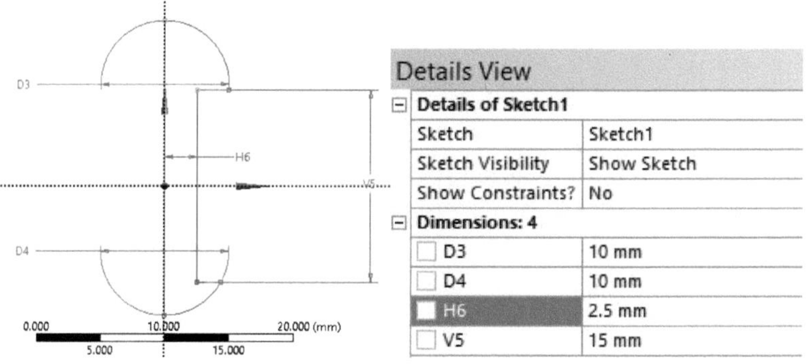

Details View	
Details of Sketch1	
Sketch	Sketch1
Sketch Visibility	Show Sketch
Show Constraints?	No
Dimensions: 4	
D3	10 mm
D4	10 mm
H6	2.5 mm
V5	15 mm

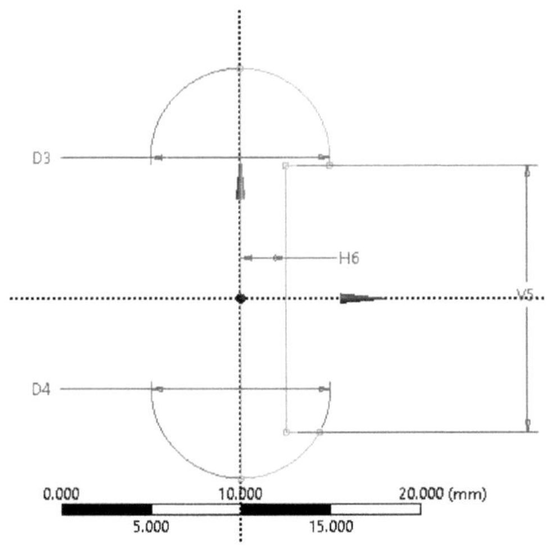

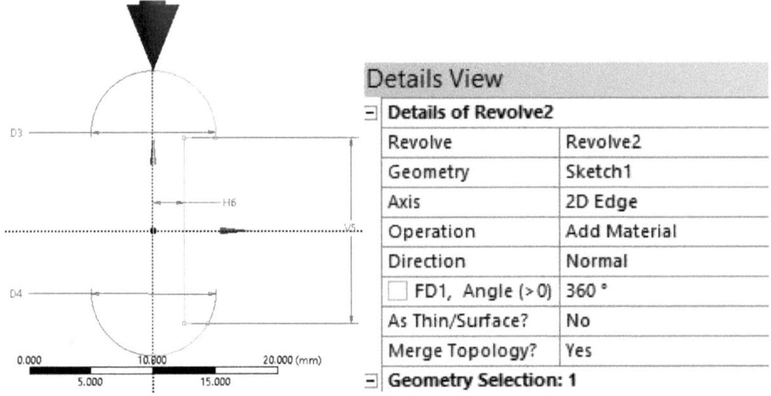

Utilize a funcionalidade Revolver para rodar em torno do eixo Y, como se mostra abaixo.

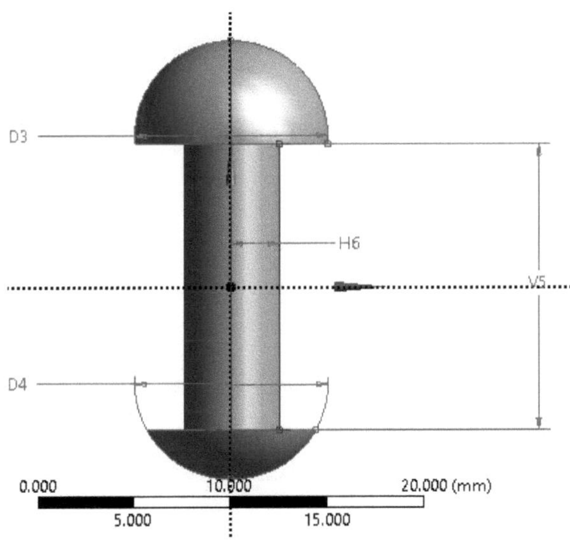

Desenhe o esboço, ou seja, duas placas de acordo com a dimensão mostrada abaixo e faça a extrusão.

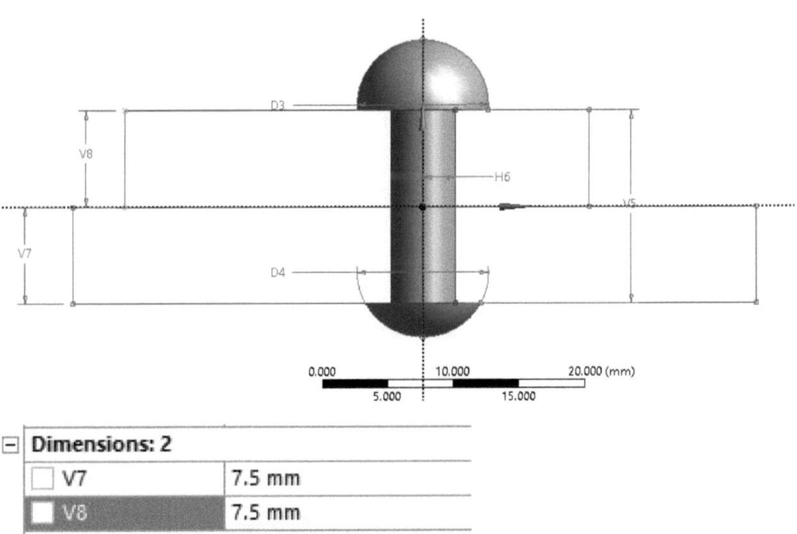

Dimensions: 2	
V7	7.5 mm
V8	7.5 mm

Após a extrusão, deve assemelhar-se à representação abaixo. Certifique-se de que, na operação (vista Detalhes), está selecionada a opção "Adicionar congelado". Clique com o botão direito do rato e escolha "Gerar".

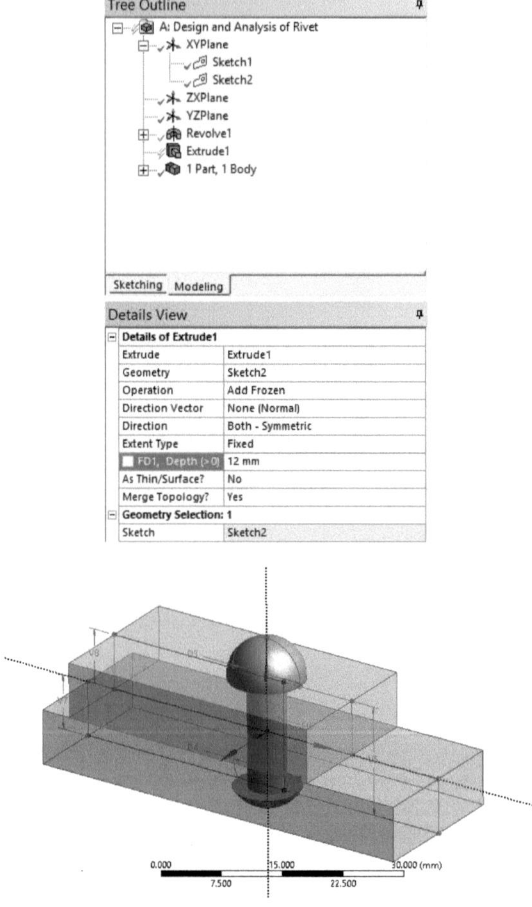

Utilize a operação booleana para subtrair o corpo do rebite das placas. Siga os passos abaixo indicados.

Tree Outline

- A: Design and Analysis of Rivet
  - XYPlane
    - Sketch1
    - Sketch2
  - ZXPlane
  - YZPlane
  - Revolve2
  - Extrude1
  - Boolean1
  - 3 Parts, 3 Bodies
    - Solid
    - Solid
    - Solid

Sketching | Modeling

Details View

Details of Boolean1	
Boolean	Boolean1
Operation	Subtract
Target Bodies	Not selected
Tool Bodies	1 Body
Preserve Tool Bodies?	No

Details View

Details of Boolean1	
Boolean	Boolean1
Operation	Subtract
Target Bodies	2 Bodies
Tool Bodies	1 Body
Preserve Tool Bodies?	Yes

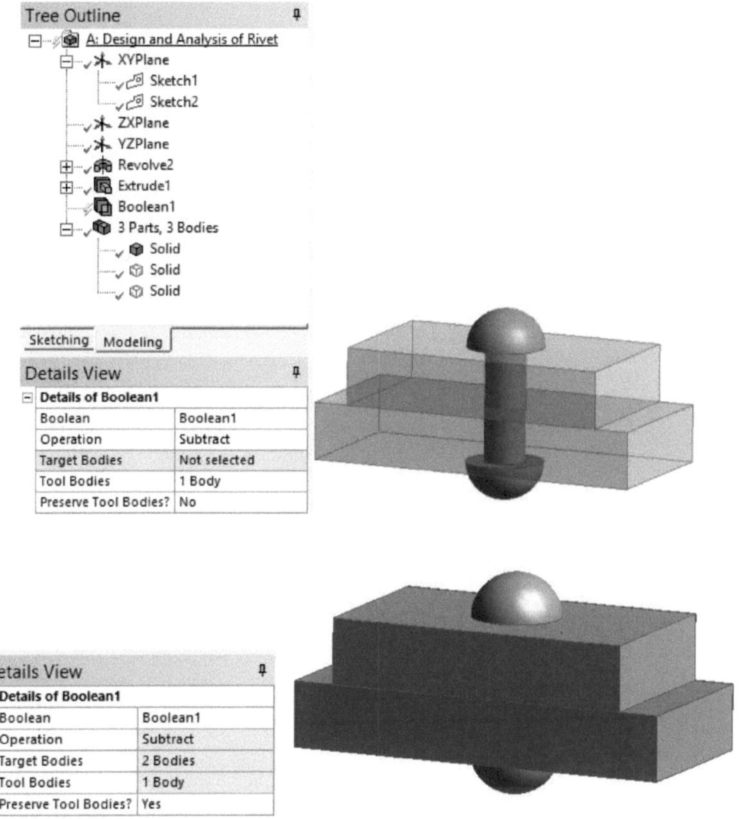

Atribuição de material: A placa superior, a placa inferior e o rebite serão automaticamente atribuídos como aço.

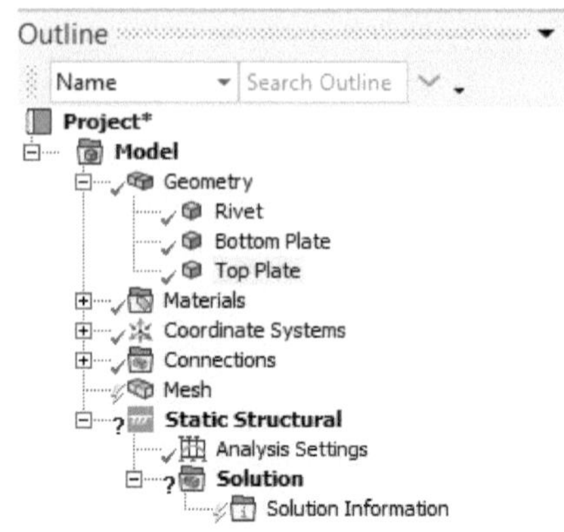

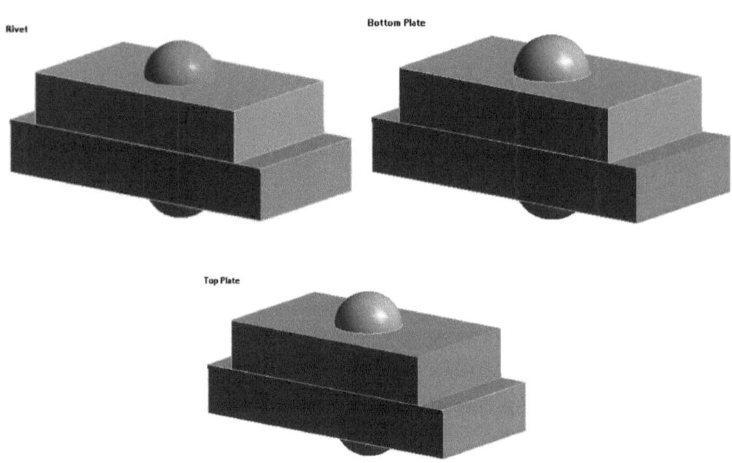

Clique com o botão direito do rato e seleccione Renomear com base na definição. Atribua as propriedades da superfície de contacto apresentadas na janela de detalhes, conforme ilustrado abaixo, que são comuns a todos os contactos.

Connections
  Contacts
    No Separation - Rivet To Bottom Plate
    Bonded - Rivet To Top Plate
    Bonded - Bottom Plate To Top Plate
  Mesh
Static Structural
  Analysis Settings

Details of "No Separation - Rivet To Bott... ▾ ┚ ☐

Scoping Method	Geometry Selection
Contact	2 Faces
Target	2 Faces
Contact Bodies	Rivet
Target Bodies	Bottom Plate
Protected	No
Definition	
Type	No Separation
Scope Mode	Automatic
Behavior	Symmetric
Trim Contact	Program Controlled
Trim Tolerance	1.3549e-004 m
Suppressed	No
Advanced	
Formulation	Augmented Lagrange

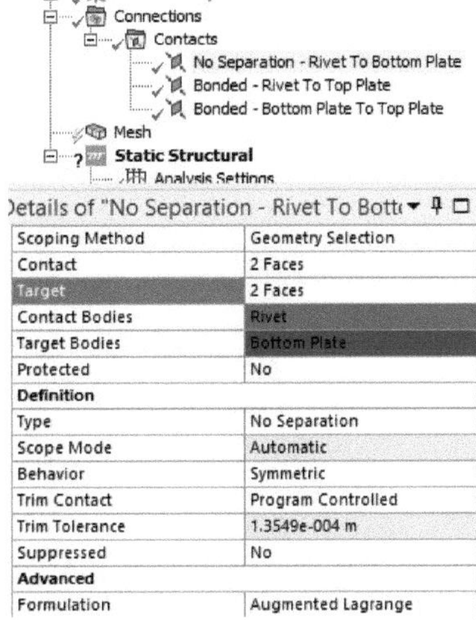

Contacts
  No Separation - Rivet To Bottom Plate
  No Separation - Rivet To Top Plate
  Bonded - Bottom Plate To Top Plate
  Mesh
Static Structural
  Analysis Settings

Details of "No Separation - Rivet To Top ▾ ┚ ☐

Scope	
Scoping Method	Geometry Selection
Contact	2 Faces
Target	2 Faces
Contact Bodies	Rivet
Target Bodies	Top Plate
Protected	No
Definition	
Type	No Separation
Scope Mode	Automatic
Behavior	Symmetric
Trim Contact	Program Controlled
Trim Tolerance	1.3549e-004 m
Suppressed	No
Advanced	
Formulation	Augmented Lagrange

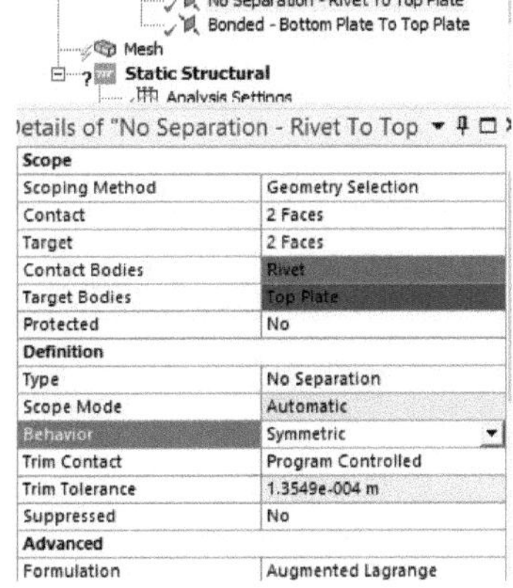

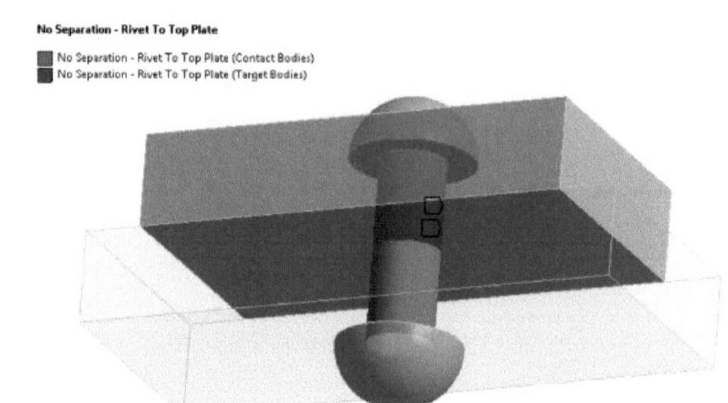

No Separation - Rivet To Top Plate
No Separation - Rivet To Top Plate (Contact Bodies)
No Separation - Rivet To Top Plate (Target Bodies)
Y

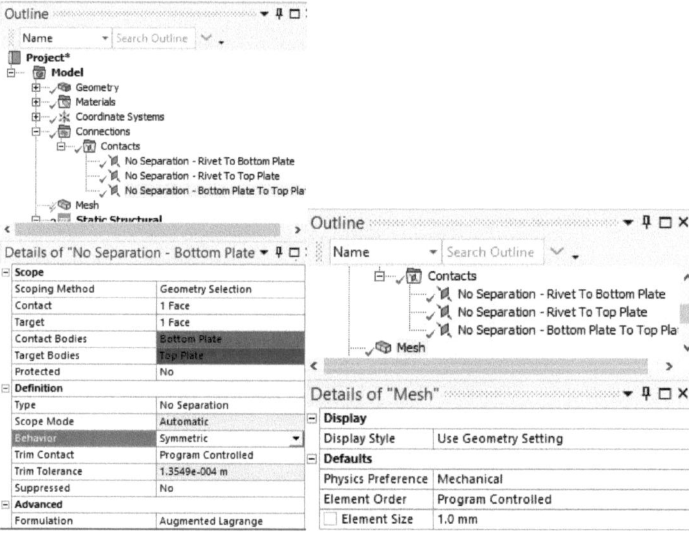

Outline
Name   Search Outline
Project*
Model
Geometry
Materials
Coordinate Systems
Connections
Contacts
No Separation - Rivet To Bottom Plate
No Separation - Rivet To Top Plate
No Separation - Bottom Plate To Top Plal
Mesh
Static Structural

Details of "No Separation - Bottom Plate
Scope
Scoping Method   Geometry Selection
Contact   1 Face
Target   1 Face
Contact Bodies   Bottom Plate
Target Bodies   Top Plate
Protected   No
Definition
Type   No Separation
Scope Mode   Automatic
Behavior   Symmetric
Trim Contact   Program Controlled
Trim Tolerance   1.3549e-004 m
Suppressed   No
Advanced
Formulation   Augmented Lagrange

Outline
Name   Search Outline
Contacts
No Separation - Rivet To Bottom Plate
No Separation - Rivet To Top Plate
No Separation - Bottom Plate To Top Plal
Mesh

Details of "Mesh"
Display
Display Style   Use Geometry Setting
Defaults
Physics Preference   Mechanical
Element Order   Program Controlled
Element Size   1.0 mm

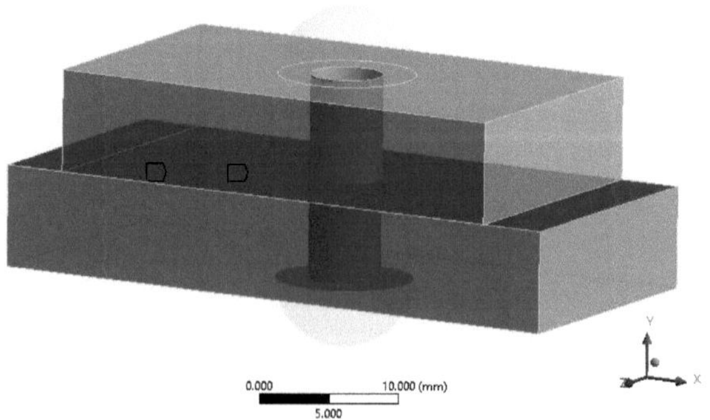

No Separation - Bottom Plate To Top Plate
No Separation - Bottom Plate To Top Plate (Contact Bodies)
No Separation - Bottom Plate To Top Plate (Target Bodies)
0.000   10.000 (mm)
5.000
Y
Z   X

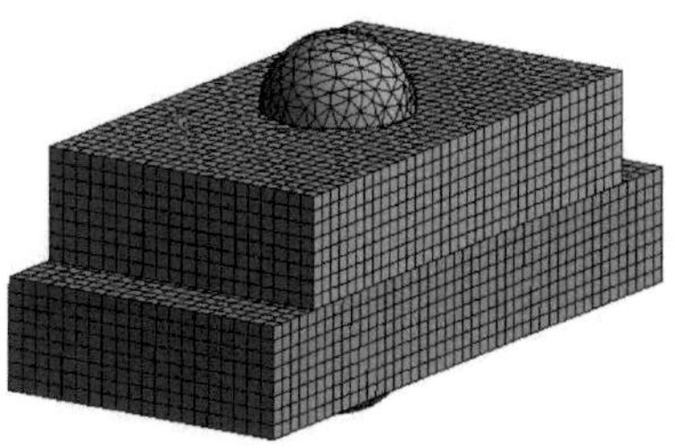

Na árvore de contornos, navegue para "Estática estrutural". Defina os parâmetros mencionados abaixo. Note-se que estes parâmetros, nomeadamente os sub-passos iniciais, os sub-passos mínimos e os sub-passos máximos, podem ser ajustados conforme necessário.

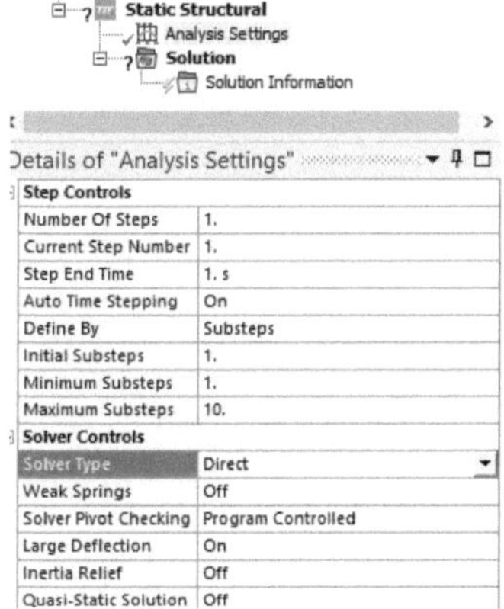

Aplique as condições de fronteira como se mostra a seguir: Fixe a placa inferior a partir de uma das suas extremidades e aplique uma força de 5 N à placa superior a partir da placa da extremidade oposta, como se mostra a seguir.

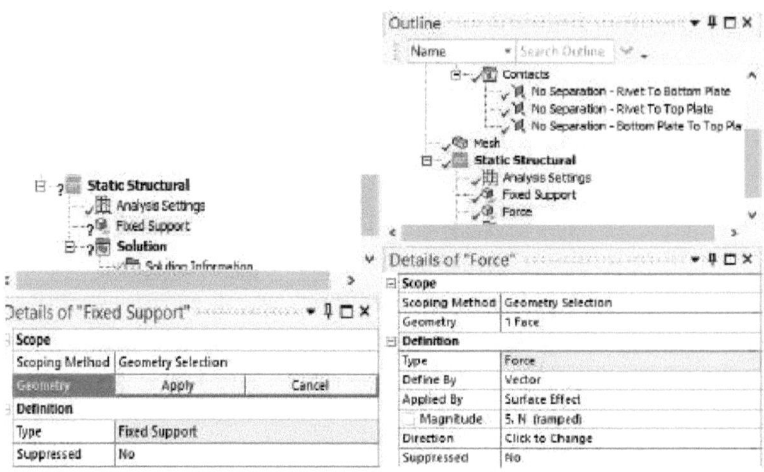

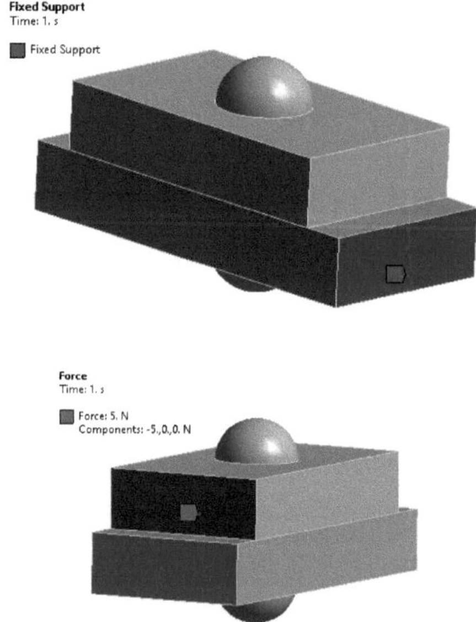

Clicar com o botão direito do rato em "Solution" na árvore de contornos e selecionar "Maximum Shear Stress". Assegurar que apenas selecciona "Rivet" como uma geometria única nos detalhes de "Maximum Shear Stress". Em seguida, clique com o botão direito do rato em "Solution" na árvore de contornos e seleccione "Generate Solution".

Pode demorar mais de uma hora a chegar à solução. O tempo de solução também depende das condições de fronteira e da física da superfície de contacto utilizada para o problema em questão.

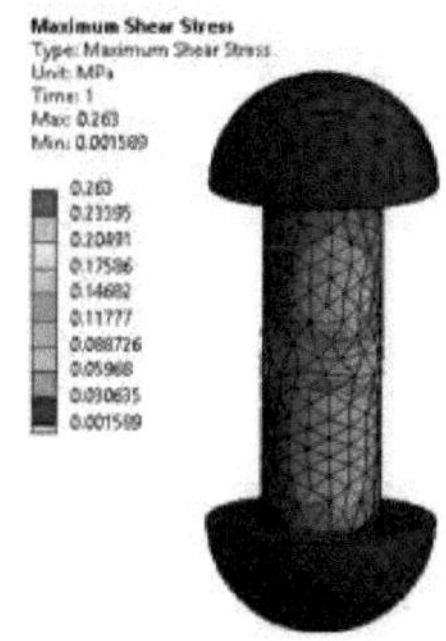

Método analítico

Tensão de corte máxima = Carga/área

$$=5/[\pi/4\times (5)_2]=0{,}254 \text{ MPa}$$

Tipo de resultado	Resultados obtidos com a abordagem FEA	Resultados obtidos com a abordagem analítica	Erro percentual
Tensão de cisalhamento máxima MPa	0.263	0.254	Negligenciável

Coluna com pinos em ambas as extremidades

Considere o pilar da figura abaixo. Está fixado em ambas as extremidades e suporta uma carga axial. O pilar tem uma secção transversal circular com um diâmetro de 0,5 m e um comprimento de 20 m. É construído em aço estrutural com um módulo de Young de 2E+11 Pa e um coeficiente de Poisson de 0,3. Calcule a carga crítica de encurvadura do pilar.

Software de lançamento

Arraste o módulo estrutural estático para o espaço de trabalho.

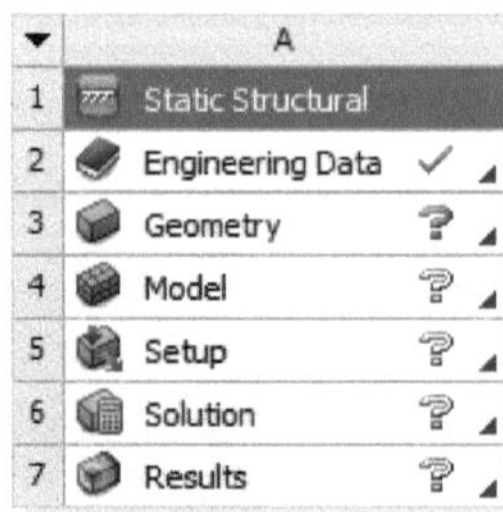

Pinned-Pinned/Buckling Analysis

Permitir que as propriedades mecânicas do material nos Dados de Engenharia permaneçam como padrão.

Abra a janela Geometria e defina a unidade para metro. Seleccione o XYPlane e certifique-se de que é normal. Depois, seleccione a opção Linha e desenhe uma linha com 20 metros de comprimento, como mostra a figura

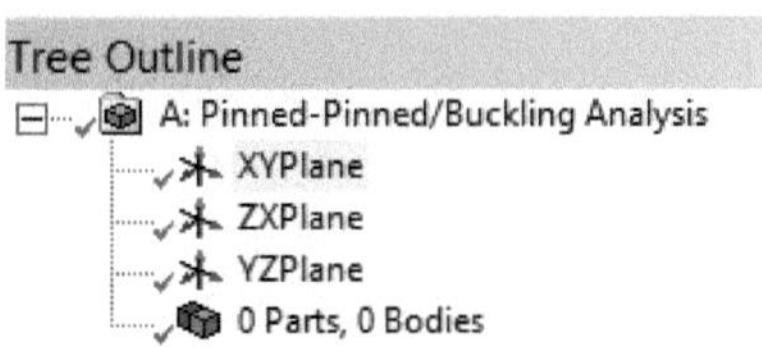

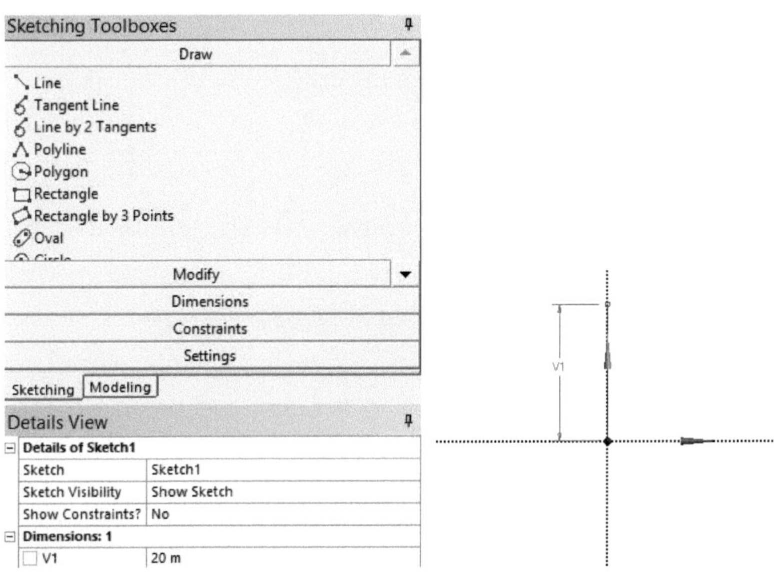

Navegue até ao menu de conceitos e escolha "Line" nas opções de esboço. Em seguida, seleccione o objeto de base (sketch) e gere-o.

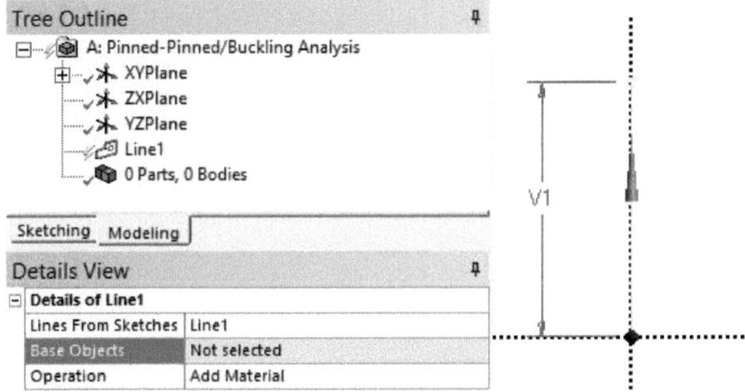

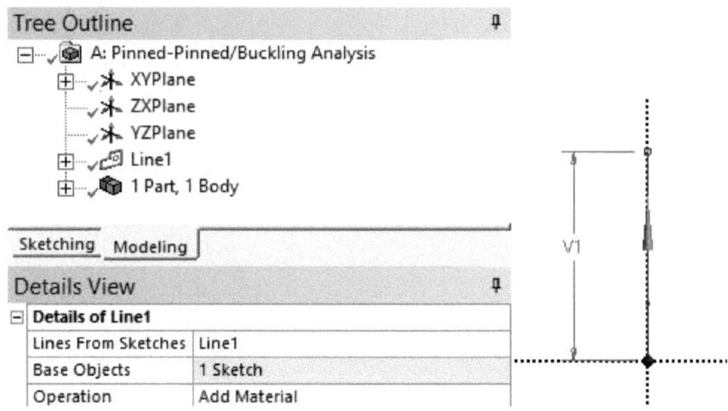

Vá ao menu de conceitos e, em "secção transversal", escolha "circular" e defina o valor do raio para 0,25 metros.

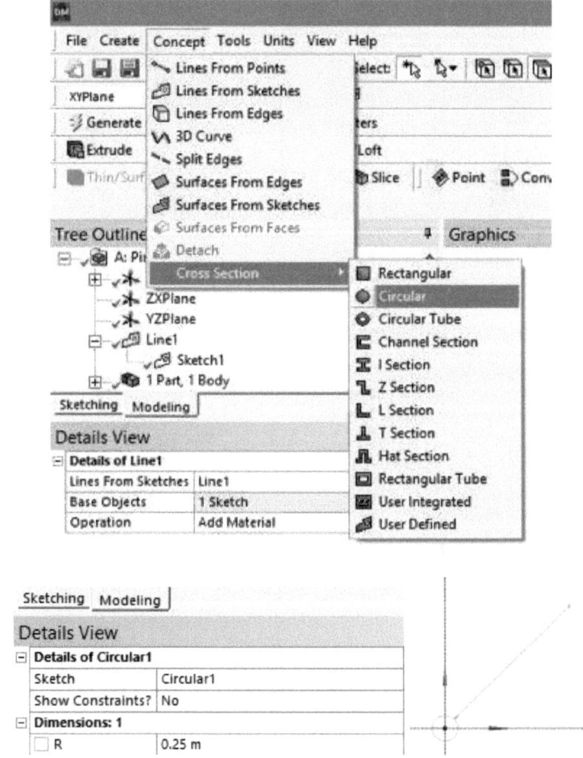

Escolha a secção transversal circular.

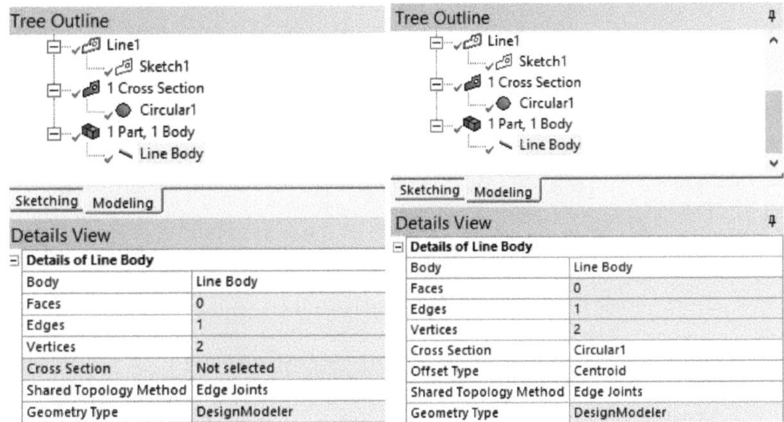

Navegue até ao menu "Ver" e escolha "Sólidos de secção transversal".

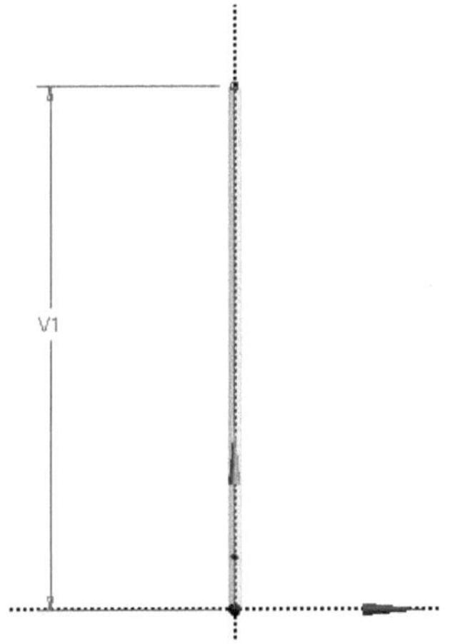

Regresse ao esquema do projeto e abra a janela Modelo. Em seguida, vá para Mesh sizing e defina o número de divisões para 10, como mostrado na figura abaixo. Depois, utilize a ferramenta de seleção de arestas para selecionar a peça.

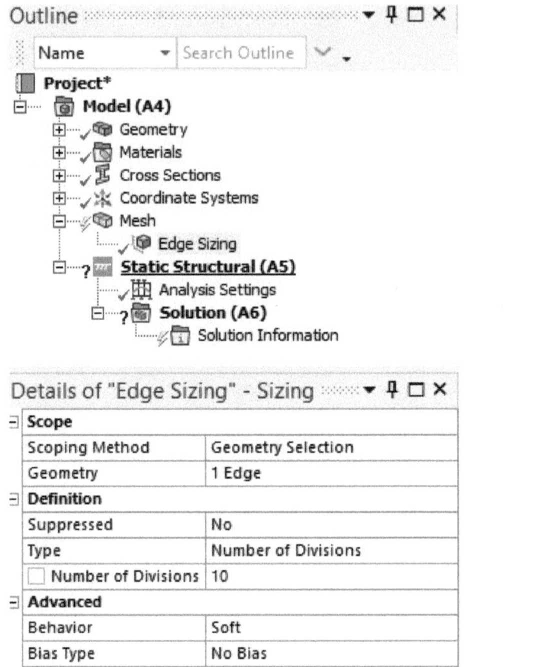

Agora, gere a malha.

Em Estática estrutural, insira Deslocamento. Em seguida, utilizando a ferramenta de seleção de vértices, seleccione o vértice superior do pilar, como mostrado abaixo.

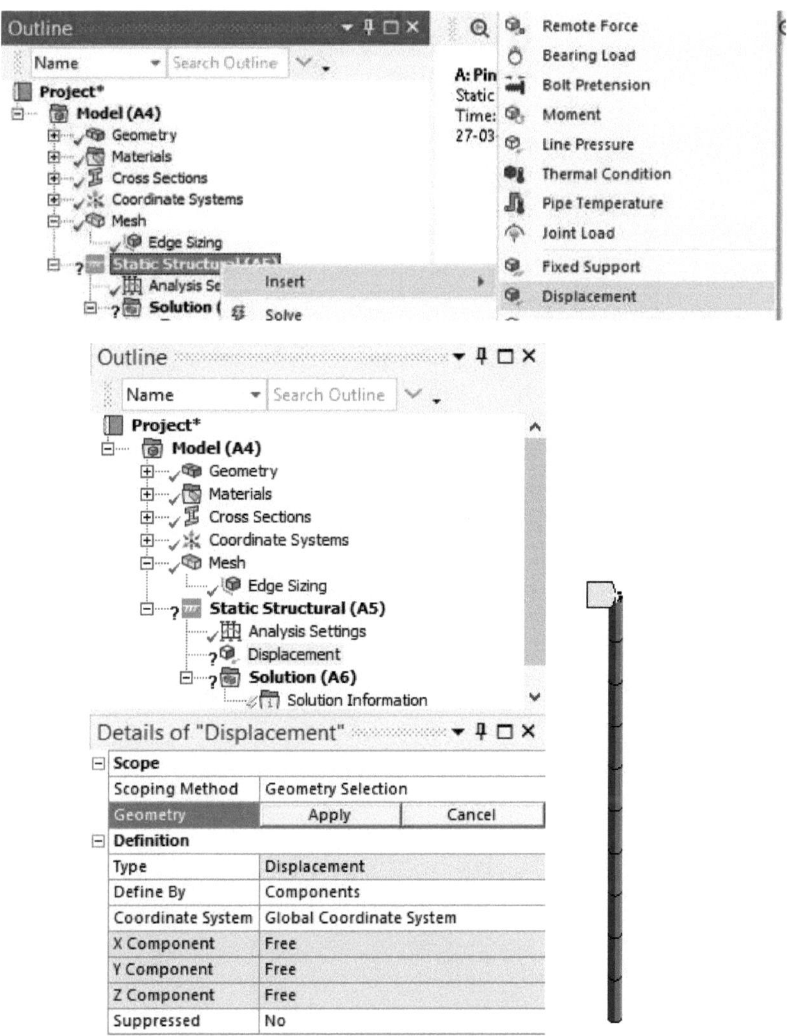

Aplique as outras condições de fronteira como indicado abaixo.

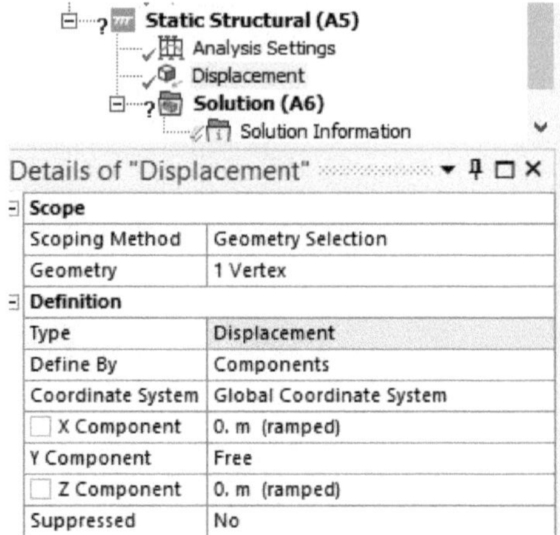

Em Estática estrutural, insira Deslocamento remoto. Em seguida, utilizando a ferramenta de seleção de vértices, seleccione o vértice inferior do pilar, como mostrado abaixo.

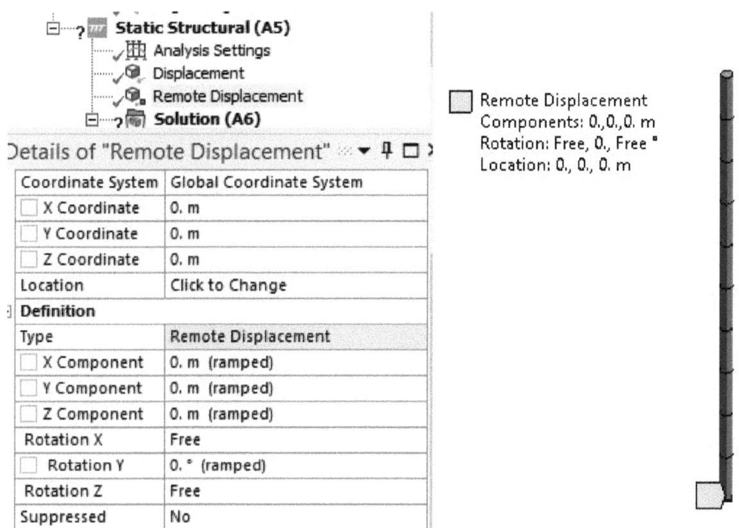

Em Estática estrutural, insira Força. Em seguida, utilizando a ferramenta de seleção de vértices, seleccione o vértice superior do pilar e aplique uma carga igual a -1 na direção Y, como mostrado abaixo.

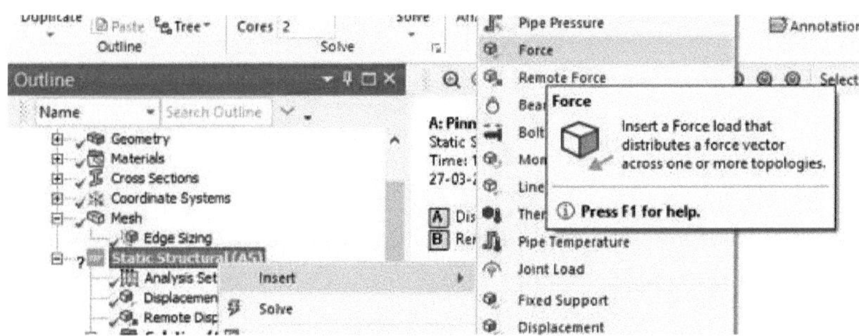

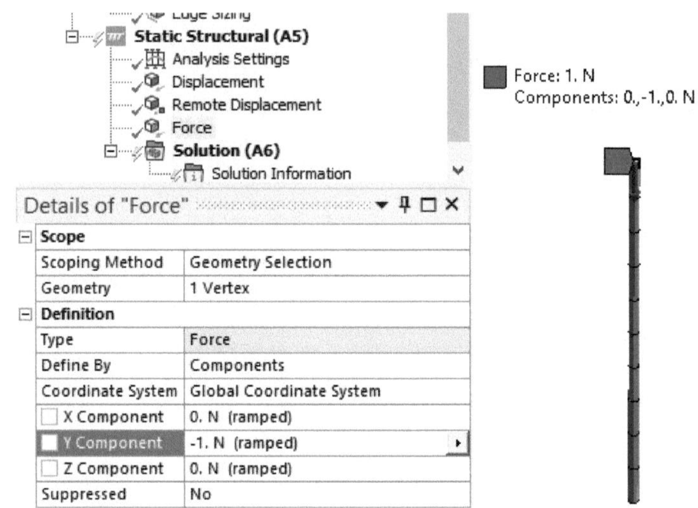

Volte ao Esquemático do Projeto, arraste o módulo Eigenvalue Buckling e coloque-o na Solução de Estática Estrutural como mostrado abaixo.

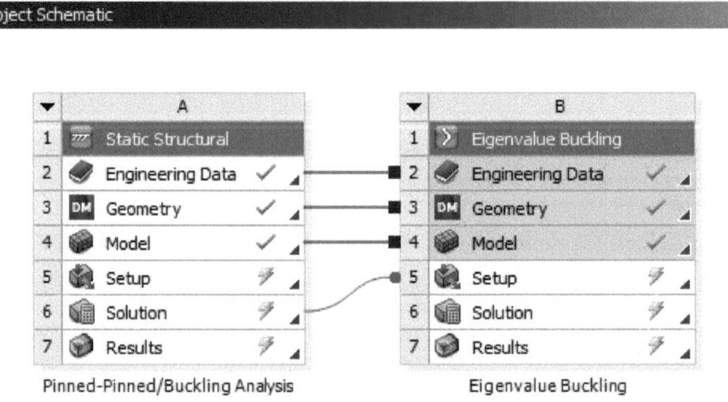

Abra Configuração em Estática estrutural. Agora pode ver que o Valor próprio de encurvadura (B5) foi adicionado na árvore de contornos, como mostrado abaixo.

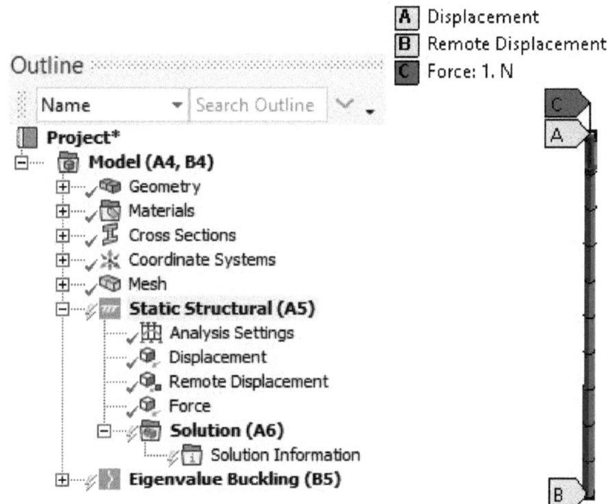

Clique com o botão direito do rato na solução em Estática estrutural e, em Valor próprio de encurvadura (B5), insira Deformação-total como mostrado abaixo.

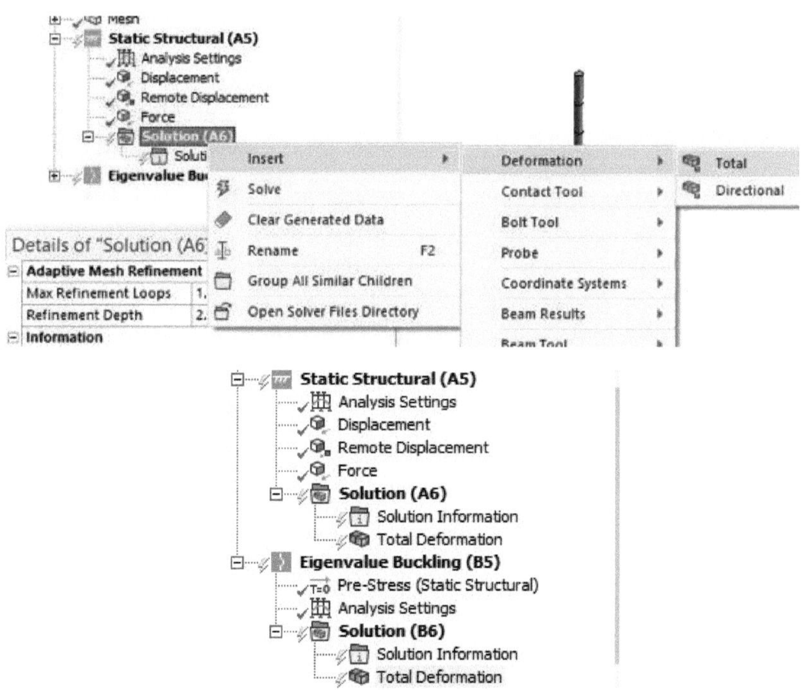

Agora, vá para Solução e Resolver. Esta deformação não tem em conta qualquer encurvadura devido à carga de compressão.

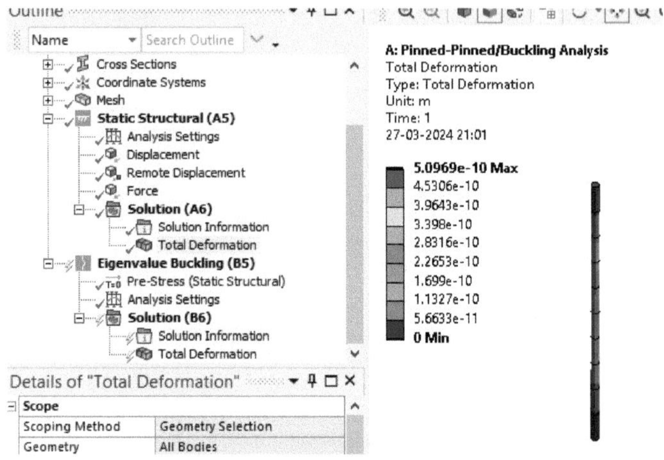

Agora, seleccione a deformação em Encurvadura por valor próprio, que fornecerá uma representação mais realista da encurvadura.

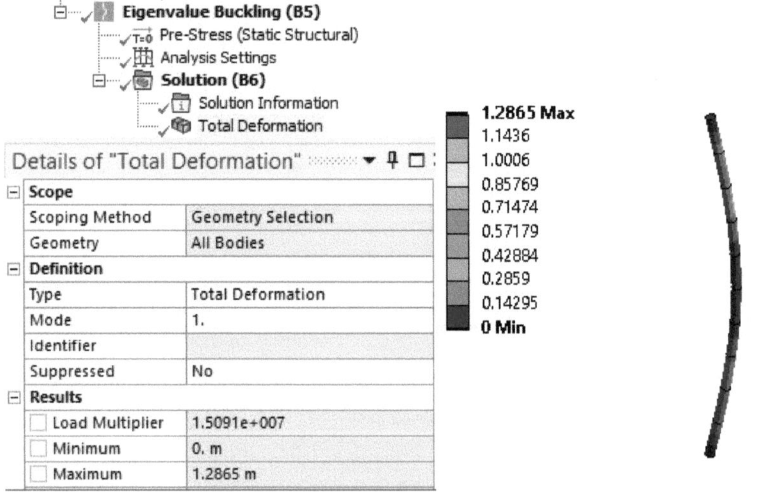

Nota: Aqui, aplicámos uma carga de 1 N. Por conseguinte, a carga de encurvadura crítica é 1 N aplicada × Multiplicador de carga, que é aproximadamente 1,5091E7.

Em primeiro lugar, é necessário calcular a carga de encurvadura crítica teórica do pilar.

Onde:

F = força máxima ou crítica (carga vertical no pilar),
E = módulo de elasticidade,
I = momento de inércia da área,
L = comprimento não suportado do pilar,
K = fator de comprimento efetivo do pilar, cujo valor depende das condições de apoio final do pilar, como se segue.

Para ambas as extremidades fixadas (articuladas, livres para rodar), K	1.0.
Para ambas as extremidades fixas, K	0.50.
Para uma extremidade fixa e a outra fixada, K	0.699....
Para uma extremidade fixa e a outra livre para se deslocar lateralmente, K	2.0.

KL é o comprimento efetivo do pilar.
Para uma secção transversal circular,

Por conseguinte, a nossa carga de encurvadura crítica é = 1,51398E+7 N
A carga de encurvadura crítica teórica que calculámos na nossa pré-análise é = 1,51398E+7 N.
A carga crítica de encurvadura experimental calculada pelo Ansys é = 1,5091E+7 N.

Tipo de resultado	Resultados obtidos com a abordagem FEA	Resultados obtidos com a abordagem analítica	Erro percentual
Carga crítica de encurvadura (N)	1.5091E+7	1.51398E+7	((1.51398-1.5091)/1.51398)*100) =0.322%

Exercício 11

Vigas-Viga cantilever sujeita a uma carga uniforme distribuída

Uma viga em consola de secção quadrada medindo 1×1 m e comprimento de 110 m está sujeita a uma carga uniformemente variável (UDL) de 20 N/m. Determine a força de corte total, o momento fletor total e trace um diagrama da força de corte e do momento fletor.

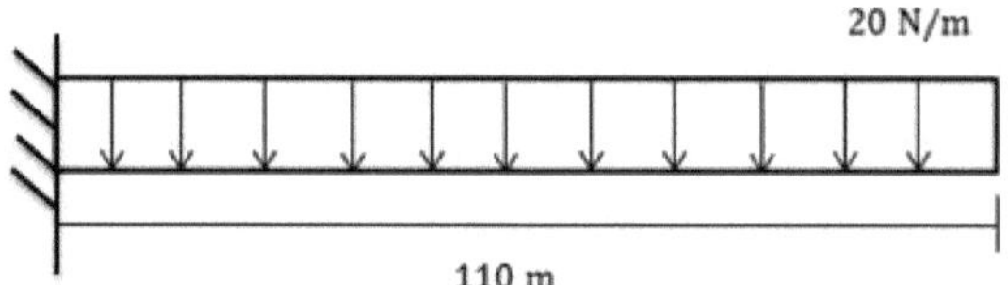

Software de lançamento

Arraste o módulo Static Structural para o esquema do projeto

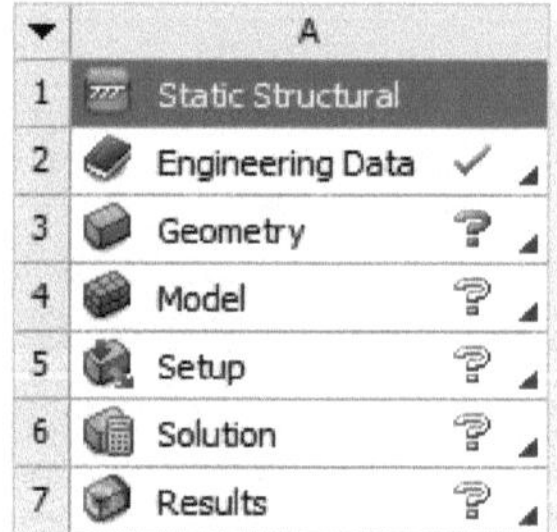

Faça duplo clique nos dados de engenharia, onde encontrará Aço estrutural. Defina este material como o material predefinido.

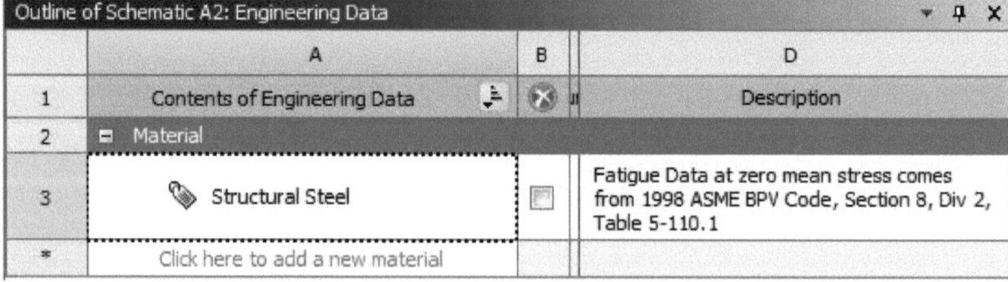

	A	B	D
1	Contents of Engineering Data		Description
2	☐ Material		
3	🏷 Structural Steel		Fatigue Data at zero mean stress comes from 1998 ASME BPV Code, Section 8, Div 2, Table 5-110.1
*	Click here to add a new material		

.

Para voltar à área do Esquema do Projeto, feche a janela Dados de Engenharia e navegue de volta para o Esquema do Projeto.

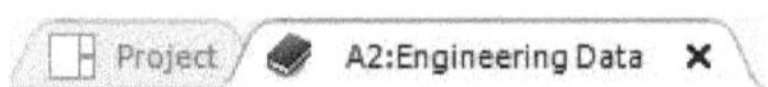

Seleccione "Geometry" (Geometria); clique com o botão direito do rato e escolha "Edit" (Editar). Abre-se a janela do Modelador de Desenho Geométrico. Defina as unidades para metros. Navegue até ao Esboço da Árvore do Modelador de Desenho, clique com o botão direito do rato no Plano XY e seleccione "Look At" para ver o plano XY. Desenhe o esboço como mostrado abaixo.

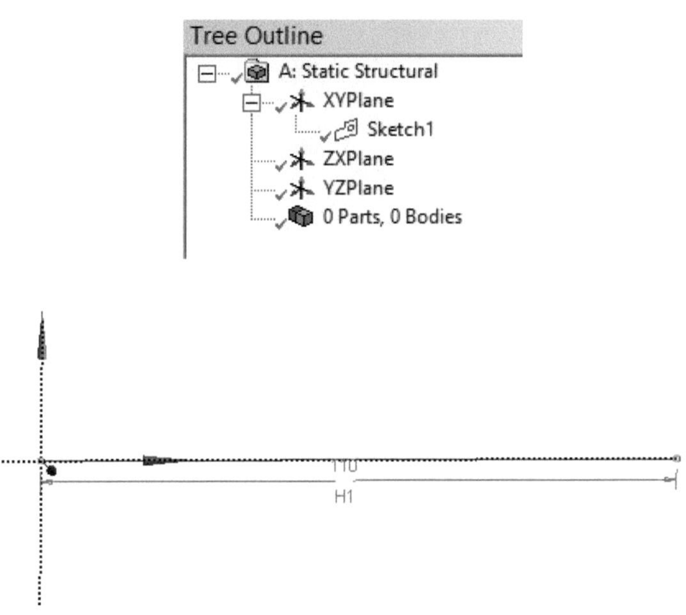

Vá a 'Conceitos' e seleccione 'Linhas a partir do esboço'. Escolha a linha e gere-a. Esta ação resultará na obtenção de uma parte e de um corpo.

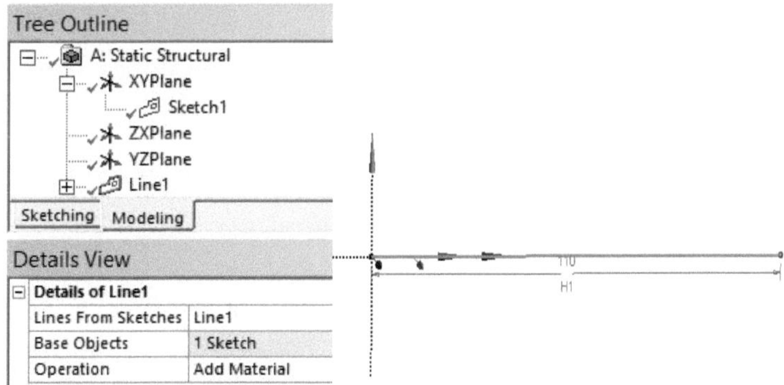

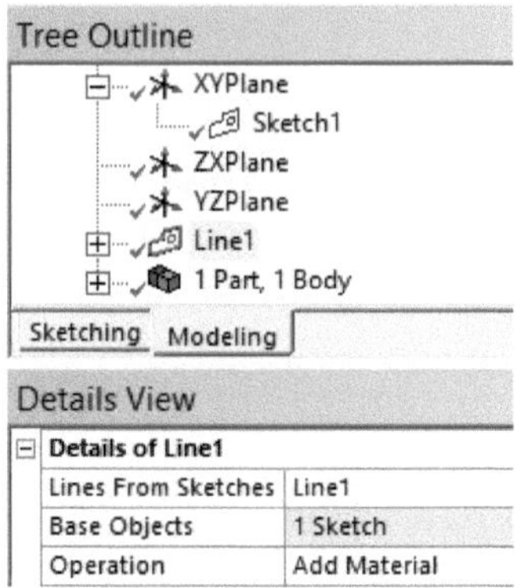

No Design Modeler, navegue até "Concepts". Em "Cross Section", seleccione "Retangular" e introduza as dimensões do retângulo na vista de pormenor como 1m × 1m.

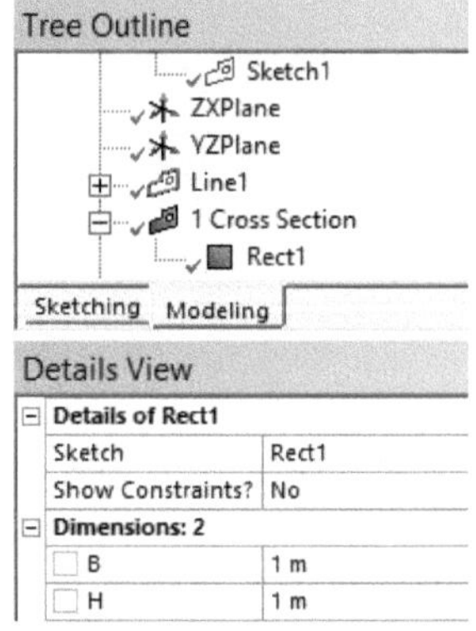

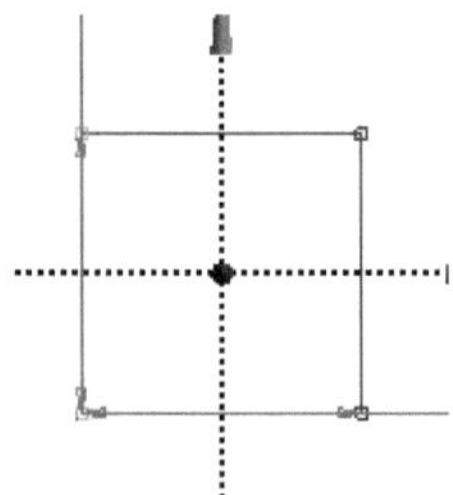

Navegue até ao Corpo da linha como mostrado e atribua uma secção transversal ao corpo da linha.

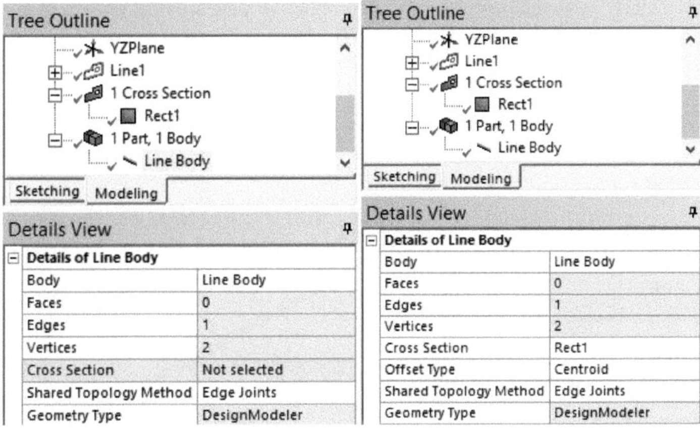

Vá a "View" e seleccione "Cross Section Solid

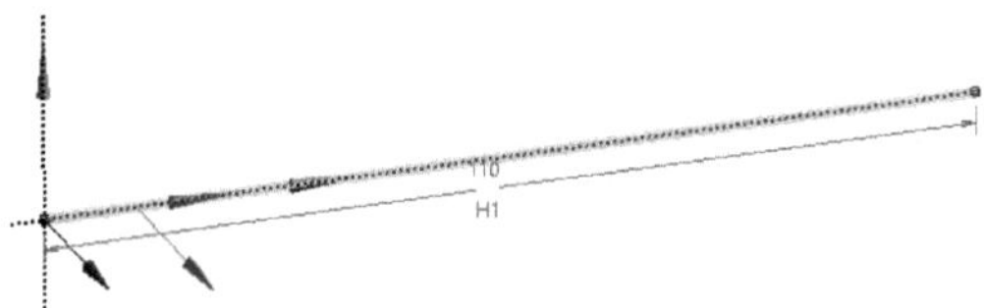

Volte ao esquema do projeto, clique com o botão direito do rato no modelo e seleccione "Editar". Abre-se a janela Mecânica. Vá a "View" e seleccione "Cross Section Solid" para ver a secção transversal do sólido. Expanda "Geometry" e seleccione "Line Body". Defina a atribuição de material para aço estrutural.

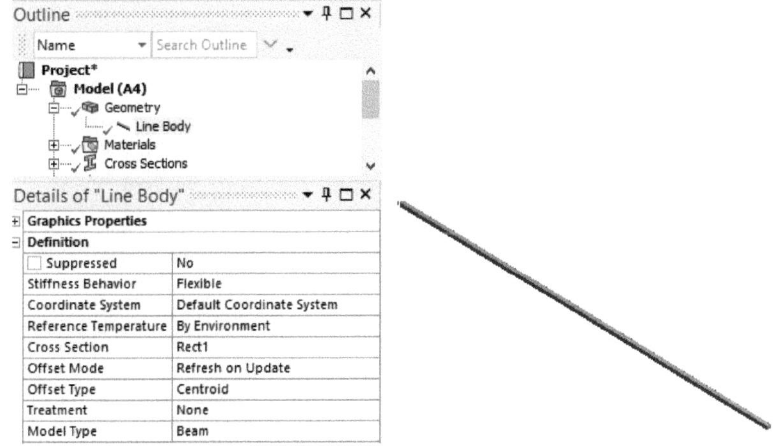

Aceda a "Mesh" e aplique as seguintes definições na janela de detalhes. Em seguida, clique com o botão direito do rato e gere a malha.

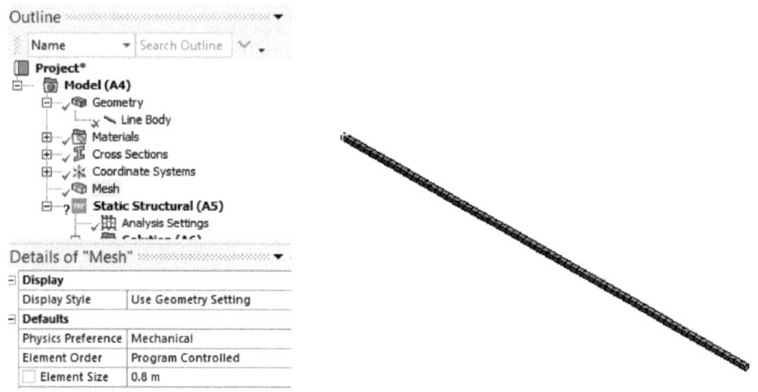

Seleccione "Estrutura estática" na árvore e vá para "Apoio". No menu de apoio, seleccione "Apoio fixo". Agora, seleccione um dos vértices da viga que precisa de ser apoiada, como mostrado abaixo. Na barra de ferramentas, seleccione a opção "Vértice".

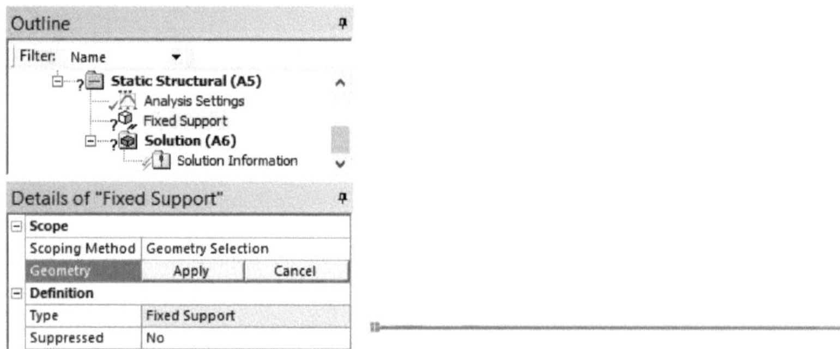

Clique em "Aplicar" quando o vértice estiver selecionado, como mostrado abaixo.

Vá a "Loads" e seleccione "Line Pressure". Aplique esta pressão de linha de 20 N/m na linha (utilize a seleção de arestas da barra de ferramentas) do modelo da peça e atribua também a direção, como se mostra abaixo.

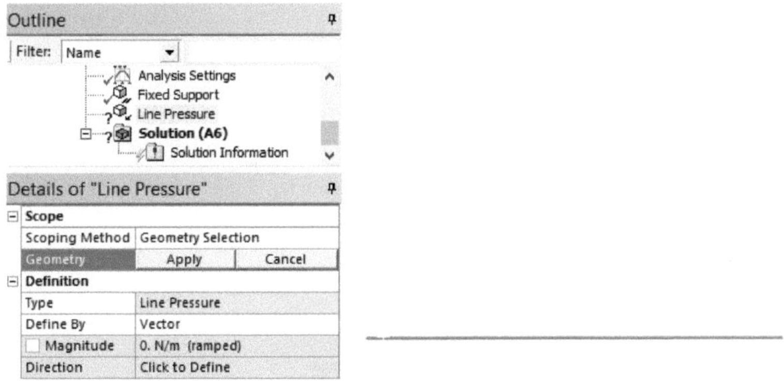

Para alterar a direção, vá a 'Definir por' e seleccione 'Componente-vetor', como se mostra   abaixo.

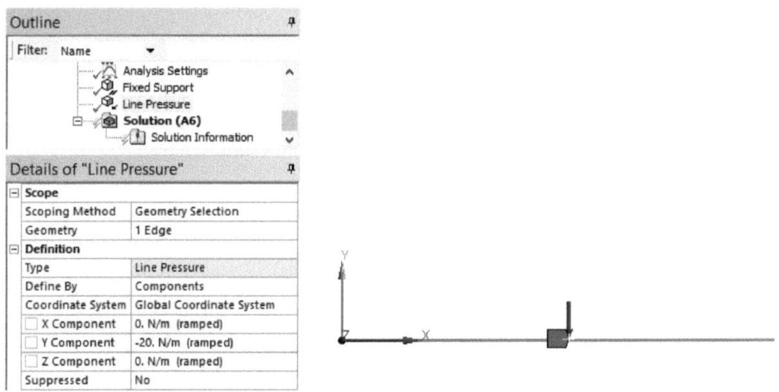

Resumo das condições de fronteira:

1. Apoio: Apoio fixo aplicado num vértice da viga.
2. Carga: Pressão de linha de 20 N/m aplicada ao longo da linha selecionada do modelo da peça, com a direção definida pelo Componente-vetor

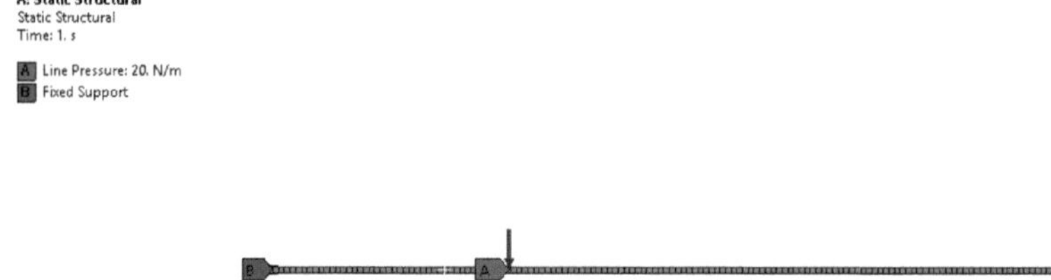

Clique com o botão direito do rato em Solução; insira a força de corte total e o momento fletor total, como indicado abaixo. Em seguida, clique com o botão direito do rato em Solução e seleccione resolver.

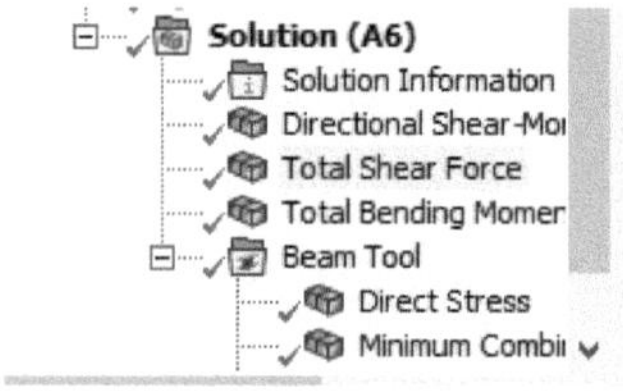

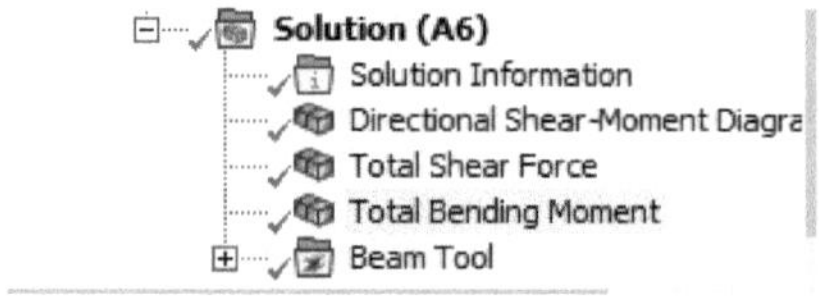

Para desenhar o diagrama do momento fletor da força de corte, siga estes passos:

1. Vá a "Modelo" na árvore e seleccione "Geometria de construção".

2. Clique com o botão direito do rato em "Geometria de construção" e seleccione "Caminho". Ser-lhe-á pedido que atribua o caminho por arestas.

3. Em 'Definição', altere o tipo de caminho para 'Aresta' e utilize a ferramenta de seleção de arestas da barra de ferramentas para selecionar as arestas, como se mostra abaixo.

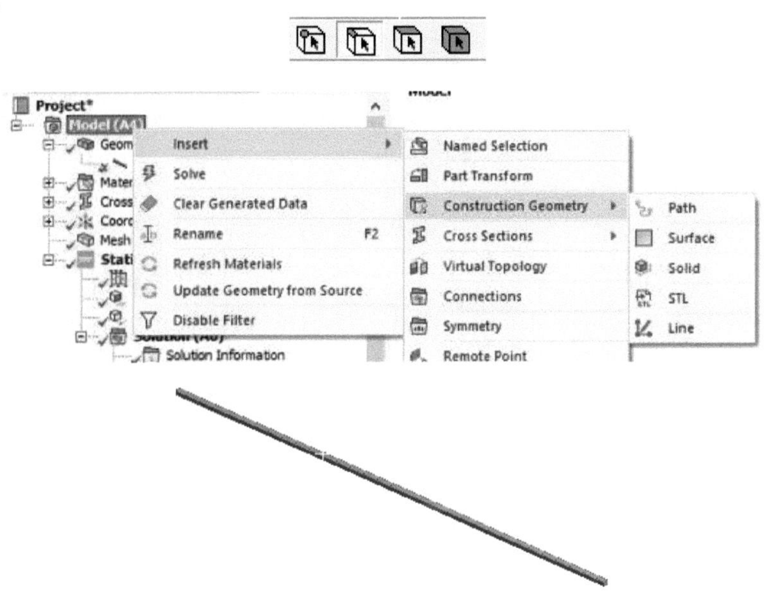

Uma vez aplicada, a peça assemelhar-se-á à representação abaixo.

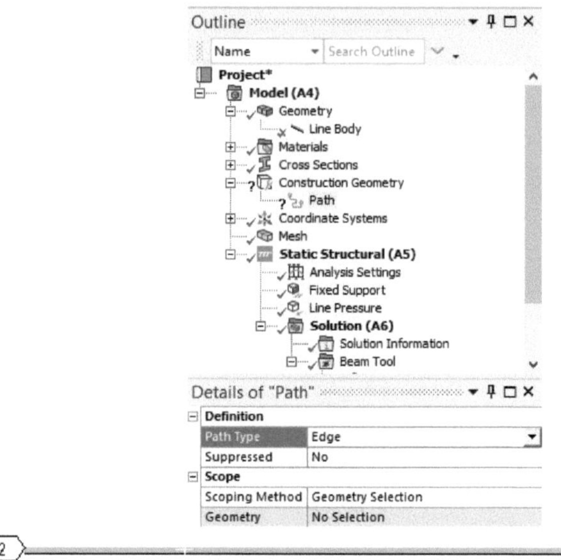

Aceda à solução e insira "Resultados da viga". Seleccione "Diagrama de momento de corte". Ser-lhe-á pedido que atribua o caminho. Expanda "Caminho" nos detalhes do Diagrama de Momento de Cisalhamento e altere o tipo de definição para "Diagrama de Momento de Cisalhamento Direcional (direção Y)", como mostrado abaixo.

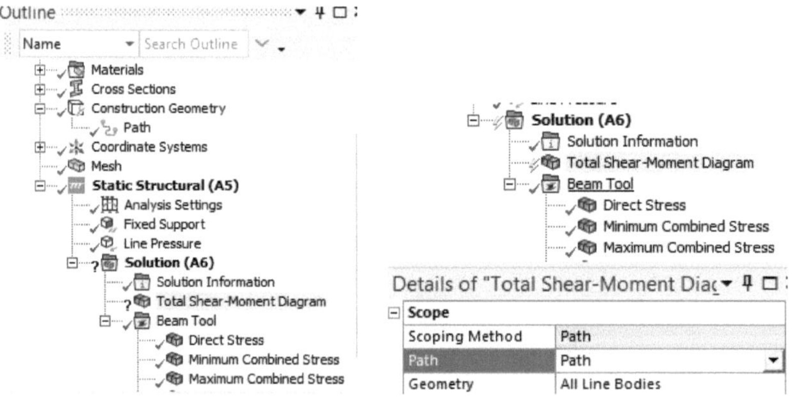

Altere o Diagrama de momento de cisalhamento total para Diagrama de momento de cisalhamento direcional e aplique as definições como mostrado abaixo.

126

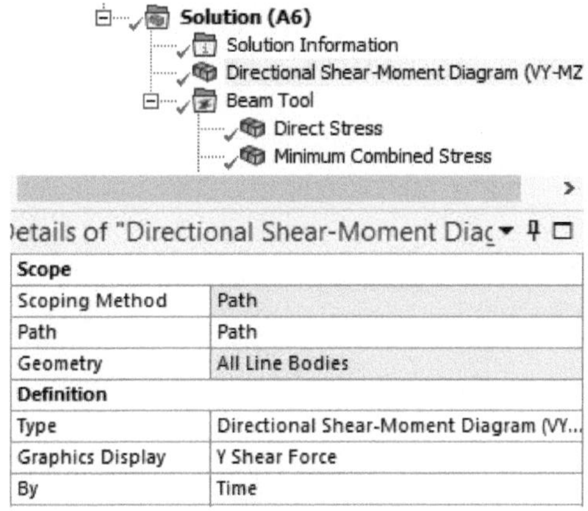

Scope	
Scoping Method	Path
Path	Path
Geometry	All Line Bodies
Definition	
Type	Directional Shear-Moment Diagram (VY...
Graphics Display	Y Shear Force
By	Time

Diagrama da força de corte na direção Y (inclinação linear)

Momento fletor na direção Z (curva parabólica)

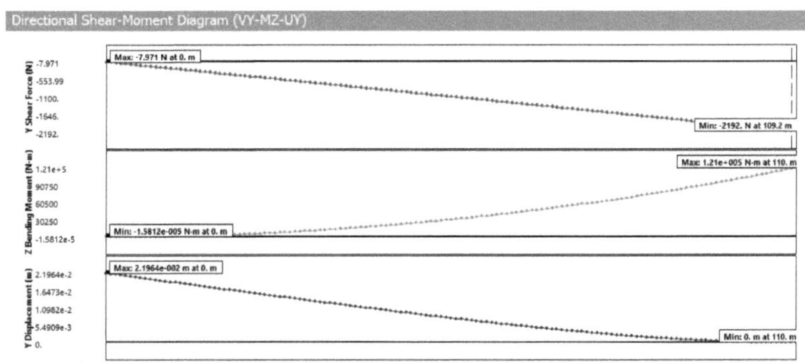

Abordagem analítica

Cálculo da força de corte

SF na extremidade livre =0 N

SF na extremidade fixa = 20×110=2200 N

Cálculo do momento fletor

BM na extremidade livre =0 N-m

BM na extremidade fixa= Carga × Meia distância

$$= (20×110) ×110/2 =121000 \text{ N-m}$$

Tipo de resultado	Resultados obtidos com a abordagem FEA	Resultados obtidos com a abordagem analítica	Erro percentual
Força de cisalhamento total (N)	2192	2200	(2200-2192)/2200)*100) = 0.36%
Momento de flexão total (N-m)	1.21E5	121000	0%

Problemas de exercício

1. Uma barra prismática de secção transversal circular com 10 mm de diâmetro e 100 mm de comprimento total é sujeita a uma carga de tração de 30 N. Determine a tensão normal, a deformação normal e o alongamento total da barra. O módulo de elasticidade (E_s) de um aço é 2×10^5 MPa.

2. Uma barra de secção transversal retangular com lados de 5 mm e 10 mm, e um comprimento total de 110 mm, é sujeita a uma carga de tração de 50 N. Determine a tensão normal, a deformação normal e o alongamento total na barra. O módulo de elasticidade (E_s) de um aço é 2×10^5 MPa.

3. Uma barra retangular cónica de lado maior e lados reduzidos tem 5 m×5 m e 2 m×2 m, respetivamente. O comprimento da barra é de 100 m. Uma das extremidades livres (lado maior) está fixada ao teto. Determine o alongamento total da barra sob o peso próprio. O módulo de elasticidade (E_s) de um aço é 2×10^5 MPa. O peso aproximado da barra pode ser referido quando o modelo estiver pronto no software de modelação.

4. Uma barra cónica de lado maior e lados reduzidos tem raios de 2,5 m e 1 m, respetivamente. O comprimento da barra é de 110 m. Uma das extremidades livres (lado maior) está fixada ao teto. Determine o alongamento total da barra cónica sob o peso próprio. O módulo de elasticidade (E_s) de um aço é 2×10^5 MPa. O peso aproximado da barra pode ser referido quando o modelo estiver pronto no software de modelação.

5. Considere uma barra em quatro degraus, com diâmetros $d_1 = 20$ mm, $d_2 = 15$ mm, $d_3 = 10$ mm e $d_4 = 25$ mm e comprimentos axiais $l_1 = 50$ mm, $l_2 = 75$ mm, $l_3 = 100$ mm e $l_4 = 80$ mm, como mostra a Fig. A barra está sujeita a uma força de tração axial de 12 KN. Determine a tensão em três partes da barra e a variação total do comprimento da barra. Assumir $E = 210 \times 10^3$ MPa.

6. Uma barra rígida está ligada a dois fios, um de aço (2 mm de diâmetro) e outro de cobre (4 mm de diâmetro), de comprimento 1,5 m cada, como mostra a figura abaixo. Uma carga de 400 N está suspensa no centro. A distância entre os fios é de 200 mm. Se $E = E_{Scu} = 208$ kN/mm^2. Determine a tensão e o alongamento nas barras.

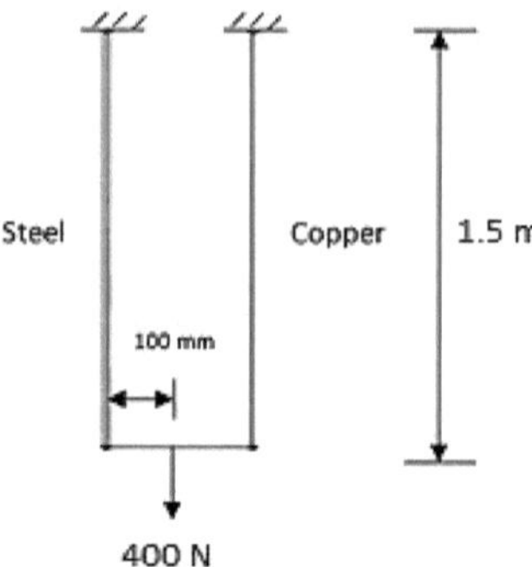

7. Para o mesmo problema, a alteração do diâmetro ou da espessura da placa afectará a tensão normal.

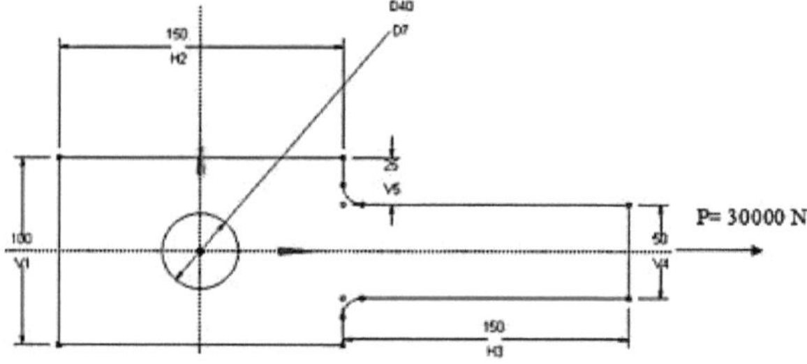

Nota: Especificamente, aumentar o diâmetro do furo ou diminuir a espessura da placa pode levar a maiores concentrações de tensão em torno do furo, resultando em maiores tensões normais na placa. Inversamente, diminuir o diâmetro do furo ou aumentar a espessura da placa pode reduzir as concentrações de tensão e resultar em tensões normais mais baixas

8. Determine a tensão normal e a concentração de tensões para uma placa com um furo elíptico, como mostra a figura

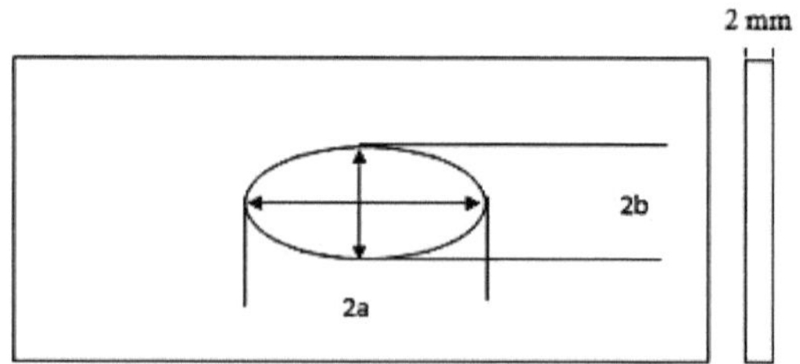

9. Determine a tensão principal e a tensão de corte máxima para uma dada lâmina plana, como se mostra na figura.

10. Considere o pilar cuja extremidade inferior está fixa e uma carga axial é aplicada na extremidade livre superior. O pilar tem uma secção transversal circular com um diâmetro de 0,7 m e um comprimento de 15 m. É construído em aço estrutural com um módulo de Young de 2E+11 Pa e um coeficiente de Poisson de 0,3. Calcule a carga crítica de encurvadura do pilar.

11. Uma viga em consola de secção quadrada medindo 2×2 m e comprimento de 100 m está sujeita a uma carga uniformemente variável (UDL) de 25 N/m. Determine a força de corte total e o momento fletor total e trace um diagrama da força de corte e do momento fletor

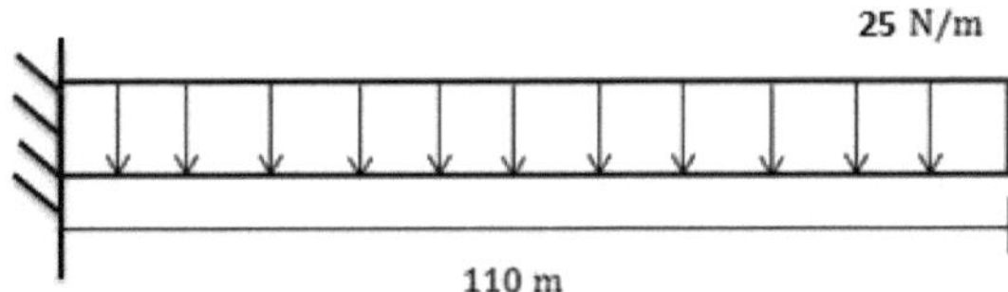

Referências

1. Finite Element Simulations with ANSYS Workbench 19" por Huei-Huang Lee, Editora: SDC Publications; 1ª edição, ISBN-13: 978-1630572112, 2018.

2. ANSYS Workbench Tutorial Release 14" por Kent Lawrence, Editora: SDC Publications; 1ª edição, ISBN-13: 978-1585037544,2012.

3. Strength of Materials, U. C. Jindal , Publisher : Pearson; 1st edition , ISBN-13 : 978-8131759097,2012.

4. Resistência dos materiais, S S Bhavikatti , Vikas Publishing House, ISBN-13: 978-9325971578, 2013.

5. Engineering Analysis with ANSYS Software" por Tadeusz Stolarski, Y. Nakasone, S. Yoshimoto, Publisher: Butterworth-Heinemann Ltd, ISBN-13: 978-0750668750, 2006.

6. Ligação Web: https://www.ansys.com/en-in/academic/students/ansys-student

yes
I want morebooks!

Buy your books fast and straightforward online - at one of world's fastest growing online book stores! Environmentally sound due to Print-on-Demand technologies.

Buy your books online at
www.morebooks.shop

Compre os seus livros mais rápido e diretamente na internet, em uma das livrarias on-line com o maior crescimento no mundo! Produção que protege o meio ambiente através das tecnologias de impressão sob demanda.

Compre os seus livros on-line em
www.morebooks.shop

Printed by Books on Demand GmbH, Norderstedt / Germany